ATLAS OF HUMAN ANATOMY II

ATLAS OF
HUMAN ANATOMY

BY

DR. FERENC KISS †
PROFESSOR EMERITUS
SEMMELWEIS UNIVERSITY MEDICAL SCHOOL
BUDAPEST

DR. JÁNOS SZENTÁGOTHAI
PROFESSOR
SEMMELWEIS UNIVERSITY MEDICAL SCHOOL
BUDAPEST

VOLUME II

SPLANCHNOLOGY · DUCTLESS GLANDS · HEART

77TH EDITION

THIRD ENGLISH EDITION
IN COLLABORATION WITH
G.N.C. CRAWFORD

1980
MARTINUS NIJHOFF PUBLISHERS
THE HAGUE / BOSTON / LONDON

Originally published as: *dr. Kiss Ferenc—dr. Szentágothai János*, Az ember anatómiájának atlasza, Medicina Könyvkiadó, Budapest, 1959.

The distribution of this book is handled by the following team of publishers:

for the United States
and Canada

Kluwer Boston, Inc.
160 Old Derby Street
Hingham, MA 02043
USA

for all other countries

Kluwer Academic Publishers Group
Distribution Center
P. O. Box 322
3300 AH Dordrecht
The Netherlands

for Hungary, Albania,
Bulgaria, China,
Cuba, Czechoslovakia,
German Democratic Republic,
Democratic People's Republic
of Korea, Mongolia, Poland,
Roumania, Soviet Union,
Democratic Republic of Vietnam,
and Yugoslavia

Akadémiai Kiadó
P. O. B. 24
H-1363
Budapest
Hungary

Library of Congress Cataloging in Publication Data   CIP

Kiss, Ferenc, 1889—1966.
   Atlas of human anatomy.
   Translation of Az ember anatómiájának atlasza.
   Bibliography: p.
   Includes indexes.
   CONTENTS: v. 1. Osteology. Arthrology and
syndesmology. Myology. — v. 2. Splanchnology.
Ductless glands. Heart. — v. 3. Nervous system.
Angiology. Sense organs.
   1. Anatomy, Human—Atlases. I. Szentágothai,
János, joint author. II. Crawford, G.N.C.
III. Title.
QM25.K5413   1979   611'.002'22   79-18296

ISBN 90-247-2264-0 (set of 3 vols, Martinus Nijhoff)   ISBN 963 05 2265 9 (Akadémiai Kiadó)

ISBN 90-247-2265-0 (vol. I, Martinus Nijhoff)   ISBN 963 05 2266 7 (vol. I, Akadémiai Kiadó)
ISBN 90-247-2266-7 (vol. II, Martinus Nijhoff)   ISBN 963 05 2267 5 (vol. II, Akadémiai Kiadó)
ISBN 90-247-2267-5 (vol. III, Martinus Nijhoff)   ISBN 963 05 2268 3 (vol. III, Akadémiai Kiadó)

Joint edition published by

MARTINUS NIJHOFF PUBLISHERS
P. O. B. 566, 2501 CN The Hague, The Netherlands
and
AKADÉMIAI KIADÓ
P. O. B. 24, H-1363, Budapest, Hungary

Copyright © Akadémiai Kiadó, Budapest, 1979

PRINTED IN HUNGARY

SPLANCHNOLOGIA

I. APPARATUS DIGESTORIUS

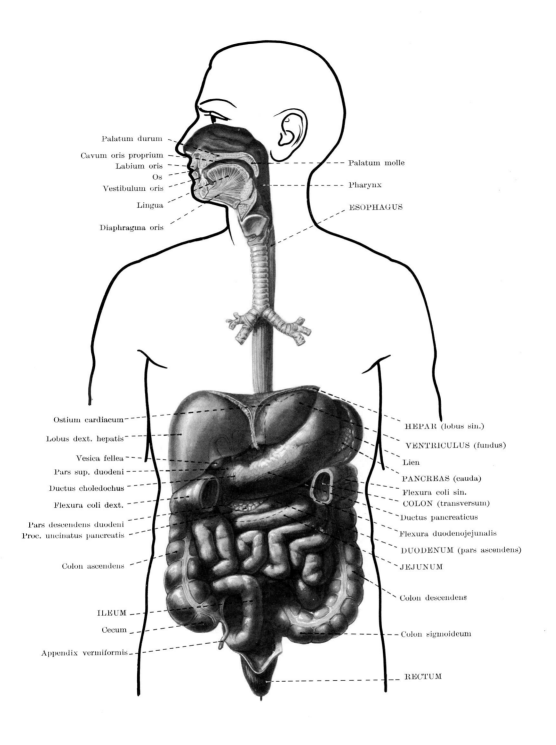

Palatum durum

Cavum oris proprium

Labium oris

Os

Vestibulum oris

Lingua

Diaphragma oris

Palatum molle

Pharynx

ESOPHAGUS

Ostium cardiacum

Lobus dext. hepatis

Vesica fellea

Pars sup. duodeni

Ductus choledochus

Flexura coli dext.

Pars descendens duodeni

Proc. uncinatus pancreatis

Colon ascendens

ILEUM

Cecum

Appendix vermiformis

HEPAR (lobus sin.)

VENTRICULUS (fundus)

Lien

PANCREAS (cauda)

Flexura coli sin.

COLON (transversum)

Ductus pancreaticus

Flexura duodenojejunalis

DUODENUM (pars ascendens)

JEJUNUM

Colon descendens

Colon sigmoideum

RECTUM

Fig. 1. APPARATUS DIGESTORIUS

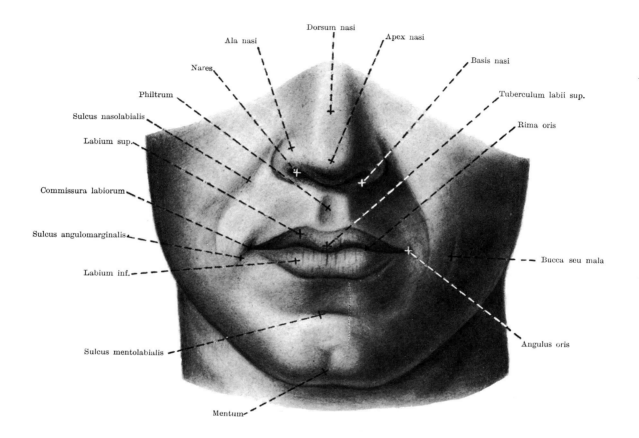

Fig. 2. OS ET REGIO ORALIS

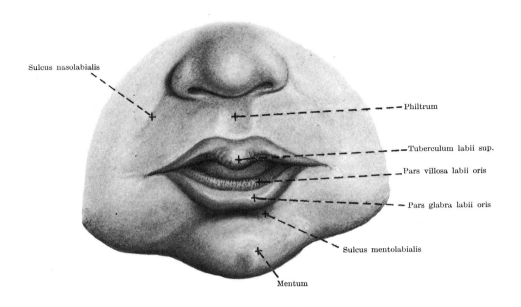

Sulcus nasolabialis

Philtrum

Tuberculum labii sup.

Pars villosa labii oris

Pars glabra labii oris

Sulcus mentolabialis

Mentum

Fig. 3. LABIA ORIS NEONATI

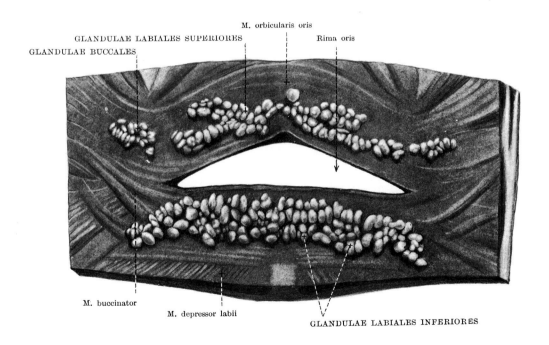

M. orbicularis oris

GLANDULAE LABIALES SUPERIORES

Rima oris

GLANDULAE BUCCALES

M. buccinator

M. depressor labii

GLANDULAE LABIALES INFERIORES

Fig. 4. LABIA ORIS
(tela submucosa, glandulae labiales et buccales, aspectus posterior)

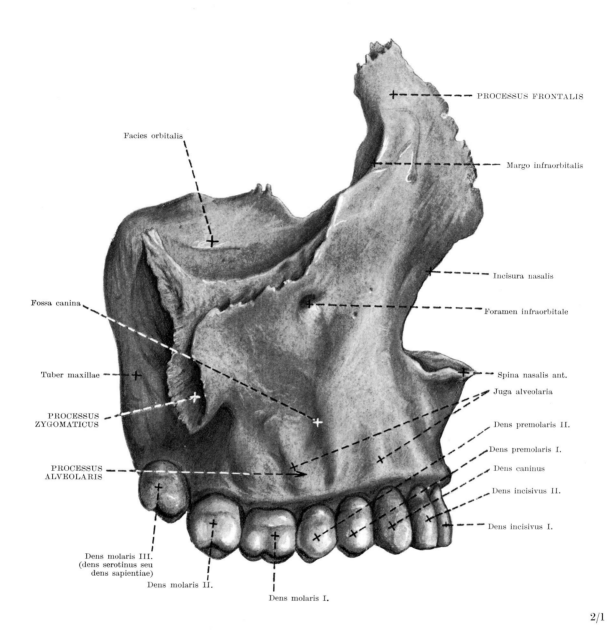

Facies orbitalis

PROCESSUS FRONTALIS

Margo infraorbitalis

Incisura nasalis

Foramen infraorbitale

Fossa canina

Tuber maxillae

Spina nasalis ant.

Juga alveolaria

PROCESSUS
ZYGOMATICUS

Dens premolaris II.

Dens premolaris I.

Dens caninus

PROCESSUS
ALVEOLARIS

Dens incisivus II.

Dens incisivus I.

Dens molaris III.
(dens serotinus seu
dens sapientiae)

Dens molaris II.

Dens molaris I.

2/1

Fig. 5. ARCUS DENTALIS SUPERIOR
(maxilla dext.)

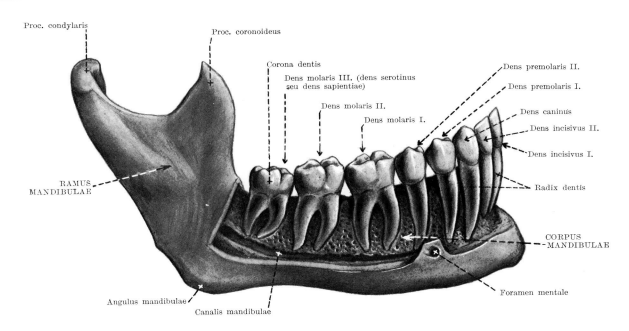

Proc. condylaris

Proc. coronoideus

Corona dentis

Dens molaris III. (dens serotinus seu dens sapientiae)

Dens molaris II.

Dens molaris I.

Dens premolaris II.

Dens premolaris I.

Dens caninus

Dens incisivus II.

Dens incisivus I.

Radix dentis

RAMUS MANDIBULAE

CORPUS MANDIBULAE

Foramen mentale

Angulus mandibulae

Canalis mandibulae

Fig. 6. ARCUS DENTALIS INFERIOR
(mandibula, aspectus dext.)

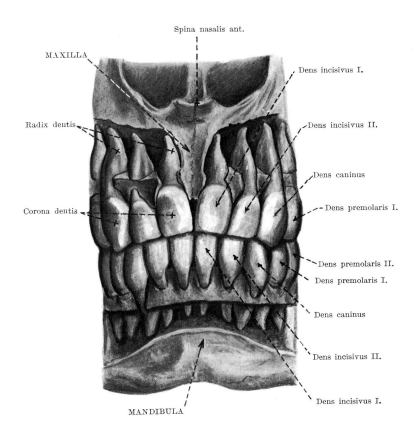

Spina nasalis ant.

MAXILLA

Radix dentis

Corona dentis

Dens incisivus I.

Dens incisivus II.

Dens caninus

Dens premolaris I.

Dens premolaris II.

Dens premolaris I.

Dens caninus

Dens incisivus II.

Dens incisivus I.

MANDIBULA

Fig. 7. ARCUS DENTALES

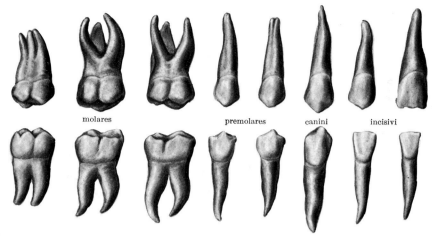

Fig. 8. DENTES I.
(facies vestibulares, l. dext.)

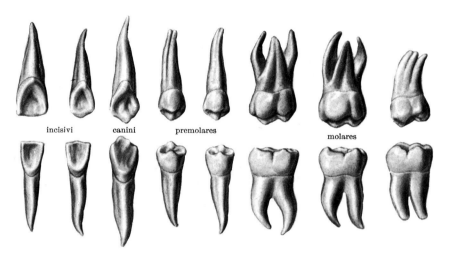

Fig. 9. DENTES II.
(facies linguales, l. dext.)

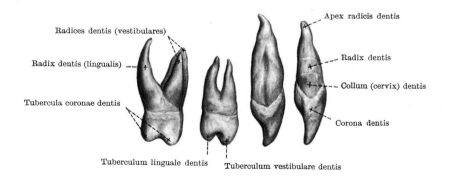

Fig. 10. FACIES CONTACTUS (DISTALES) DENTIUM
(dentis molaris, premolaris primi, canini et incisivi, l. dext.)

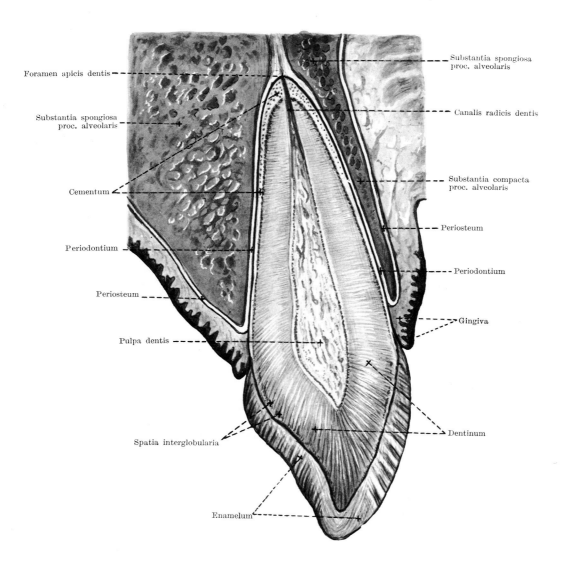

Foramen apicis dentis

Substantia spongiosa
proc. alveolaris

Cementum

Periodontium

Periosteum

Pulpa dentis

Spatia interglobularia

Enamelum

Substantia spongiosa
proc. alveolaris

Canalis radicis dentis

Substantia compacta
proc. alveolaris

Periosteum

Periodontium

Gingiva

Dentinum

Fig. 11. STRUCTURA DENTIS

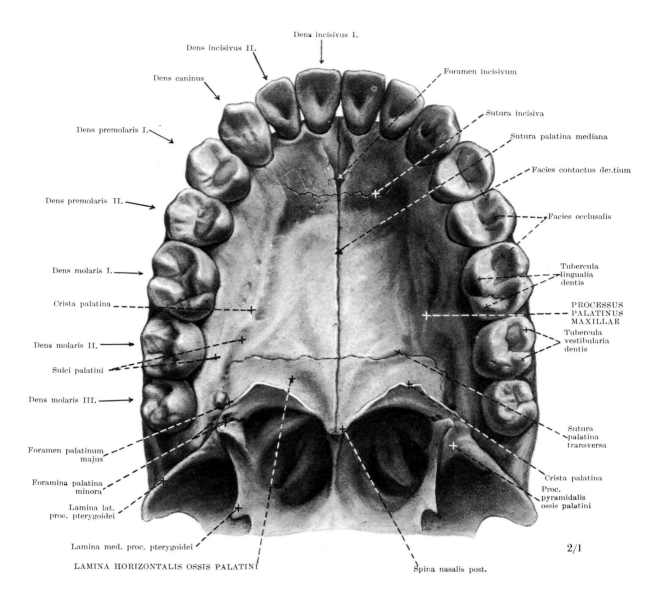

Dens incisivus I.

Dens incisivus II.

Dens caninus

Dens premolaris I.

Dens premolaris II.

Dens molaris I.

Crista palatina

Dens molaris II.

Sulci palatini

Dens molaris III.

Foramen palatinum majus

Foramina palatina minora

Lamina lat. proc. pterygoidei

Lamina med. proc. pterygoidei

LAMINA HORIZONTALIS OSSIS PALATINI

Foramen incisivum

Sutura incisiva

Sutura palatina mediana

Facies contactus dentium

Facies occlusalis

Tubercula lingualia dentis

PROCESSUS PALATINUS MAXILLAE

Tubercula vestibularia dentis

Sutura palatina transversa

Crista palatina

Proc. pyramidalis ossis palatini

Spina nasalis post.

2/1

Fig. 12. ARCUS DENTALIS SUPERIOR, FACIES OCCLUSALES DENTIUM
ET PALATUM OSSEUM

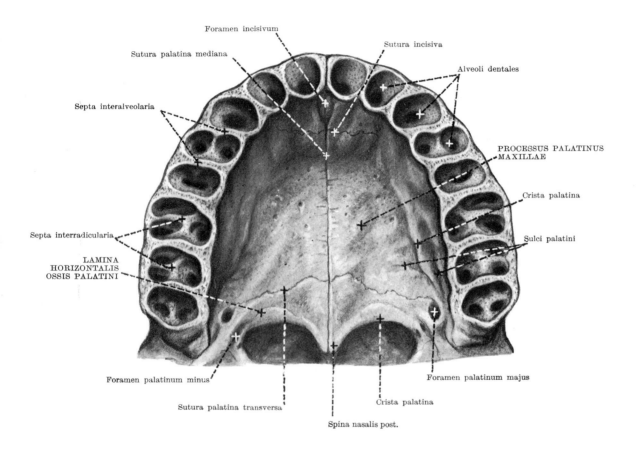

Foramen incisivum

Sutura incisiva

Sutura palatina mediana

Alveoli dentales

Septa interalveolaria

PROCESSUS PALATINUS MAXILLAE

Crista palatina

Septa interradicularia

Sulci palatini

LAMINA
HORIZONTALIS
OSSIS PALATINI

Foramen palatinum minus

Foramen palatinum majus

Sutura palatina transversa

Crista palatina

Spina nasalis post.

Fig. 13. ALVEOLI DENTALES ARCUS SUPERIORIS

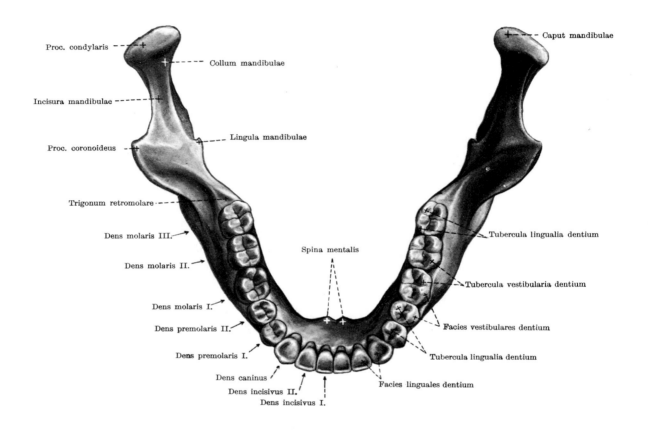

Proc. condylaris

Collum mandibulae

Incisura mandibulae

Lingula mandibulae

Proc. coronoideus

Caput mandibulae

Trigonum retromolare

Dens molaris III.

Dens molaris II.

Spina mentalis

Tubercula lingualia dentium

Dens molaris I.

Dens premolaris II.

Tubercula vestibularia dentium

Dens premolaris I.

Facies vestibulares dentium

Dens caninus

Tubercula lingualia dentium

Dens incisivus II.

Facies linguales dentium

Dens incisivus I.

Fig. 14. ARCUS DENTALIS INFERIOR, FACIES OCCLUSALES DENTIUM ET MANDIBULA

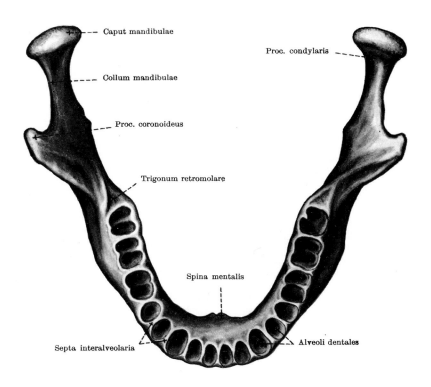

Caput mandibulae

Proc. condylaris

Collum mandibulae

Proc. coronoideus

Trigonum retromolare

Spina mentalis

Septa interalveolaria

Alveoli dentales

Fig. 15. ALVEOLI DENTALES ARCUS INFERIORIS

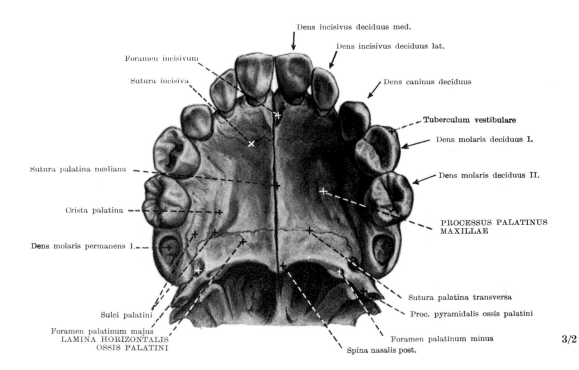

Dens incisivus deciduus med.

Dens incisivus deciduus lat.

Foramen incisivum

Sutura incisiva

Dens caninus deciduus

Tuberculum vestibulare

Dens molaris deciduus I.

Dens molaris deciduus II.

Sutura palatina mediana

Crista palatina

PROCESSUS PALATINUS
MAXILLAE

Dens molaris permanens I.

Sutura palatina transversa

Proc. pyramidalis ossis palatini

Sulci palatini

Foramen palatinum majus
LAMINA HORIZONTALIS
OSSIS PALATINI

Foramen palatinum minus

Spina nasalis post.

3/2

Fig. 16. DENTES DECIDUI. ARCUS DENTALIS SUPERIOR

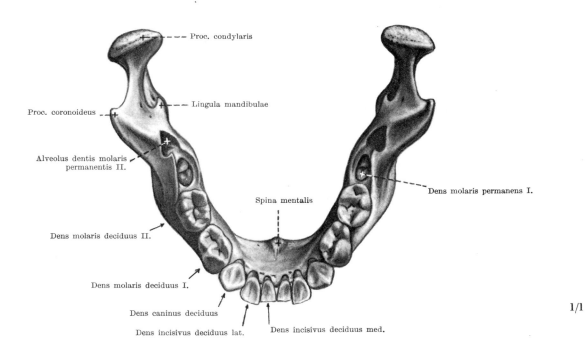

Proc. condylaris

Lingula mandibulae

Proc. coronoideus

Alveolus dentis molaris
permanentis II.

Dens molaris permanens I.

Spina mentalis

Dens molaris deciduus II.

Dens molaris deciduus I.

Dens caninus deciduus

Dens incisivus deciduus lat.

Dens incisivus deciduus med.

1/1

Fig. 17. DENTES DECIDUI. ARCUS DENTALIS INFERIOR

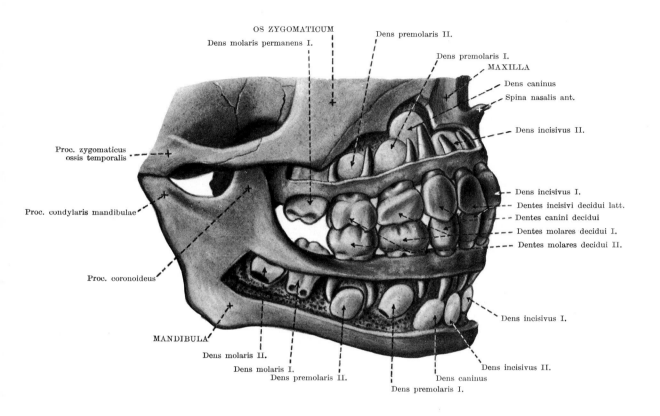

OS ZYGOMATICUM

Dens molaris permanens I.

Dens premolaris II.

Dens premolaris I.

MAXILLA

Dens caninus

Spina nasalis ant.

Dens incisivus II.

Proc. zygomaticus
ossis temporalis

Dens incisivus I.

Dentes incisivi decidui latt.

Dentes canini decidui

Proc. condylaris mandibulae

Dentes molares decidui I.

Dentes molares decidui II.

Proc. coronoideus

Dens incisivus I.

MANDIBULA

Dens incisivus II.

Dens molaris II.

Dens molaris I.

Dens caninus

Dens premolaris II.

Dens premolaris I.

Fig. 18. DENTES DECIDUI ET PERMANENTES IN SITU

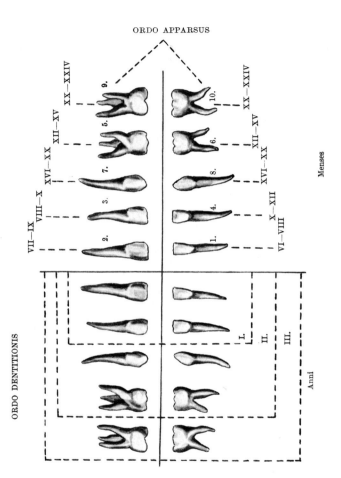

Fig. 19. DENTES DECIDUI

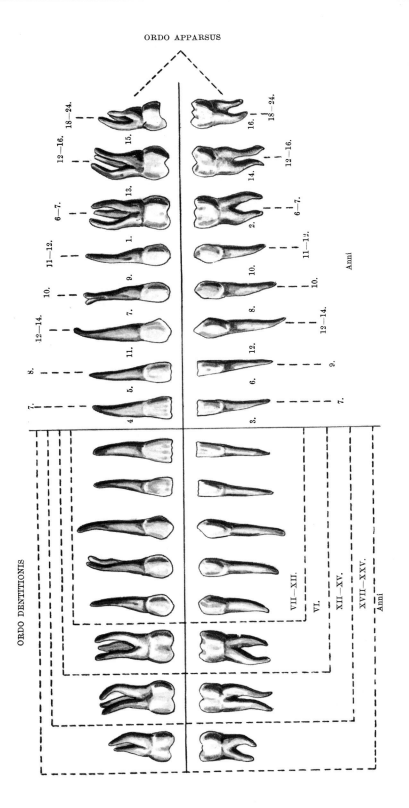

Fig. 20. DENTES PERMANENTES

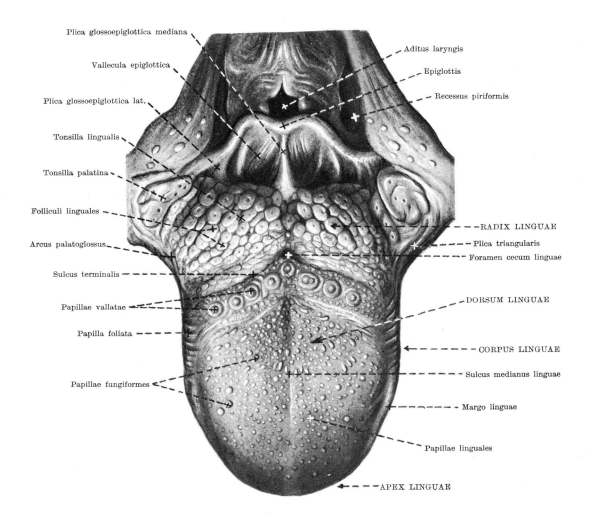

Plica glossoepiglottica mediana

Vallecula epiglottica

Plica glossoepiglottica lat.

Tonsilla lingualis

Tonsilla palatina

Folliculi linguales

Arcus palatoglossus

Sulcus terminalis

Papillae vallatae

Papilla foliata

Papillae fungiformes

Aditus laryngis

Epiglottis

Recessus piriformis

RADIX LINGUAE

Plica triangularis

Foramen cecum linguae

DORSUM LINGUAE

CORPUS LINGUAE

Sulcus medianus linguae

Margo linguae

Papillae linguales

APEX LINGUAE

Fig. 21. LINGUA
(aspectus superior)

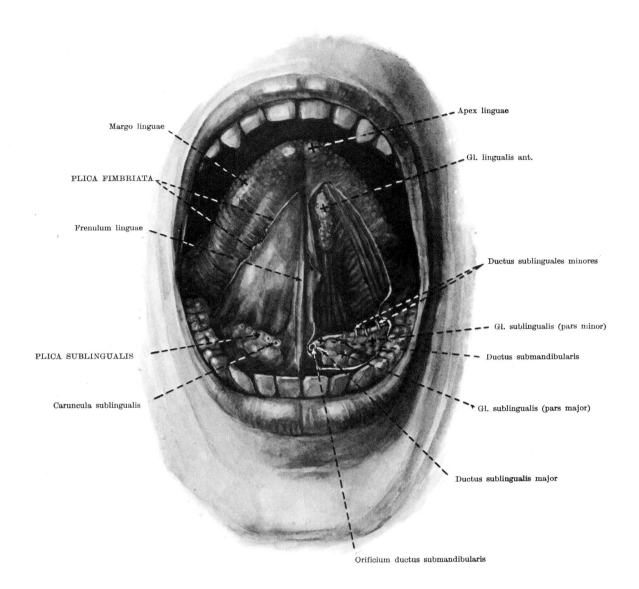

Margo linguae

PLICA FIMBRIATA

Frenulum linguae

PLICA SUBLINGUALIS

Caruncula sublingualis

Apex linguae

Gl. lingualis ant.

Ductus sublinguales minores

Gl. sublingualis (pars minor)

Ductus submandibularis

Gl. sublingualis (pars major)

Ductus sublingualis major

Orificium ductus submandibularis

Fig. 22. REGIO SUBLINGUALIS

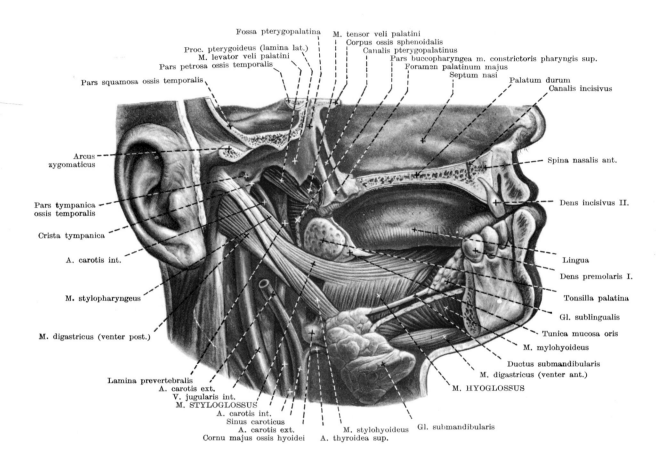

Fossa pterygopalatina
M. tensor veli palatini
Proc. pterygoideus (lamina lat.)
Corpus ossis sphenoidalis
M. levator veli palatini
Canalis pterygopalatinus
Pars petrosa ossis temporalis
Pars buccopharyngea m. constrictoris pharyngis sup.
Foramen palatinum majus
Pars squamosa ossis temporalis
Septum nasi
Palatum durum
Canalis incisivus

Arcus
zygomaticus

Spina nasalis ant.

Pars tympanica
ossis temporalis

Dens incisivus II.

Crista tympanica

A. carotis int.

Lingua
Dens premolaris I.

M. stylopharyngeus

Tonsilla palatina

Gl. sublingualis

M. digastricus (venter post.)

Tunica mucosa oris
M. mylohyoideus

Lamina prevertebralis
Ductus submandibularis
A. carotis ext.
M. digastricus (venter ant.)
V. jugularis int.
M. HYOGLOSSUS
M. STYLOGLOSSUS
A. carotis int.
Sinus caroticus
A. carotis ext.
M. stylohyoideus   Gl. submandibularis
Cornu majus ossis hyoidei   A. thyroidea sup.

Fig. 23. MUSCULI LINGUAE

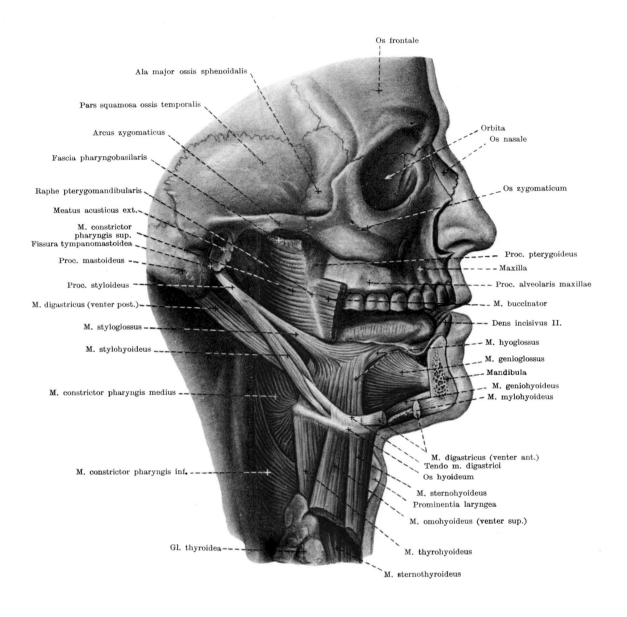

Os frontale

Ala major ossis sphenoidalis

Pars squamosa ossis temporalis

Arcus zygomaticus

Fascia pharyngobasilaris

Raphe pterygomandibularis

Meatus acusticus ext.

M. constrictor
pharyngis sup.
Fissura tympanomastoidea

Proc. mastoideus

Proc. styloideus

M. digastricus (venter post.)

M. styloglossus

M. stylohyoideus

M. constrictor pharyngis medius

M. constrictor pharyngis inf.

Gl. thyroidea

Orbita
Os nasale

Os zygomaticum

Proc. pterygoideus
Maxilla
Proc. alveolaris maxillae
M. buccinator
Dens incisivus II.
M. hyoglossus
M. genioglossus
Mandibula
M. geniohyoideus
M. mylohyoideus

M. digastricus (venter ant.)
Tendo m. digastrici
Os hyoideum
M. sternohyoideus
Prominentia laryngea
M. omohyoideus (venter sup.)
M. thyrohyoideus
M. sternothyroideus

Fig. 24. MUSCULI LINGUAE, PHARYNGIS ET SUPRAHYOIDEI

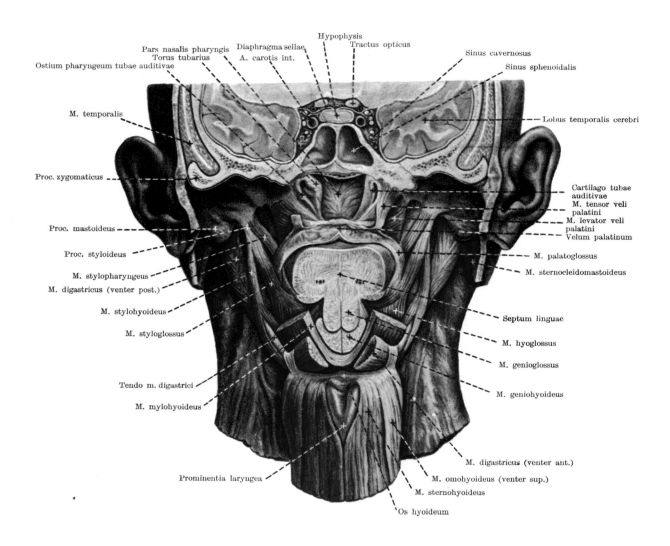

Fig. 25. SECTIO FRONTALIS CAPITIS
(aspectus anterior)

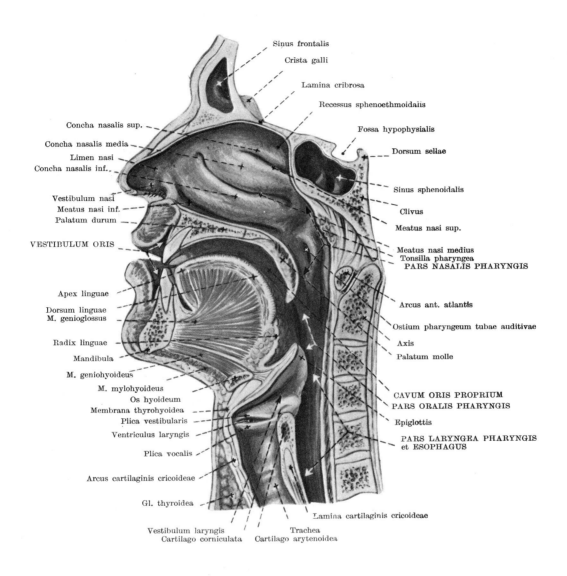

Sinus frontalis

Crista galli

Lamina cribrosa

Recessus sphenoethmoidalis

Fossa hypophysialis

Dorsum sellae

Concha nasalis sup.

Concha nasalis media

Limen nasi

Concha nasalis inf.

Sinus sphenoidalis

Clivus

Vestibulum nasi

Meatus nasi inf.

Palatum durum

Meatus nasi sup.

VESTIBULUM ORIS

Meatus nasi medius

Tonsilla pharyngea

PARS NASALIS PHARYNGIS

Apex linguae

Dorsum linguae

M. genioglossus

Arcus ant. atlantis

Ostium pharyngeum tubae auditivae

Radix linguae

Axis

Mandibula

Palatum molle

M. geniohyoideus

M. mylohyoideus

Os hyoideum

CAVUM ORIS PROPRIUM

PARS ORALIS PHARYNGIS

Membrana thyrohyoidea

Plica vestibularis

Epiglottis

Ventriculus laryngis

PARS LARYNGEA PHARYNGIS

et ESOPHAGUS

Plica vocalis

Arcus cartilaginis cricoideae

Gl. thyroidea

Lamina cartilaginis cricoideae

Vestibulum laryngis

Cartilago corniculata

Trachea

Cartilago arytenoidea

Fig. 26. CAVUM ORIS, PHARYNGIS ET ESOPHAGI

(sectio sagittalis paramediana)

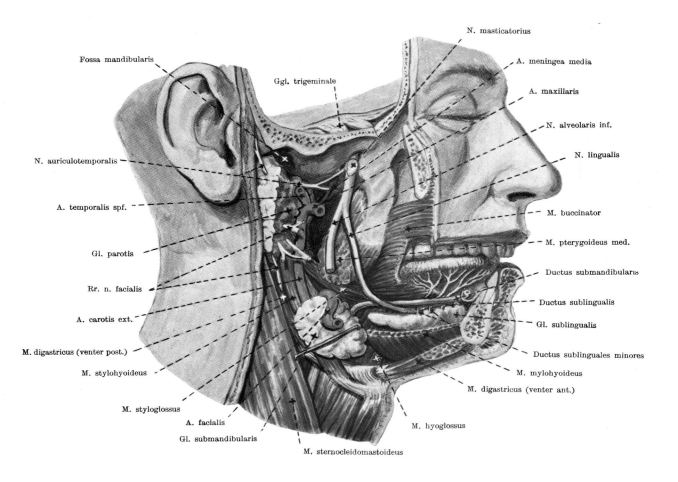

Fossa mandibularis

Ggl. trigeminale

N. masticatorius

A. meningea media

A. maxillaris

N. alveolaris inf.

N. lingualis

N. auriculotemporalis

A. temporalis spf.

M. buccinator

M. pterygoideus med.

Gl. parotis

Ductus submandibularis

Rr. n. facialis

Ductus sublingualis

A. carotis ext.

Gl. sublingualis

M. digastricus (venter post.)

Ductus sublinguales minores

M. stylohyoideus

M. mylohyoideus

M. digastricus (venter ant.)

M. styloglossus

A. facialis

M. hyoglossus

Gl. submandibularis

M. sternocleidomastoideus

Fig. 27. FOSSA RETROMANDIBULARIS
(musculi pterygoidei et suprahyoidei)

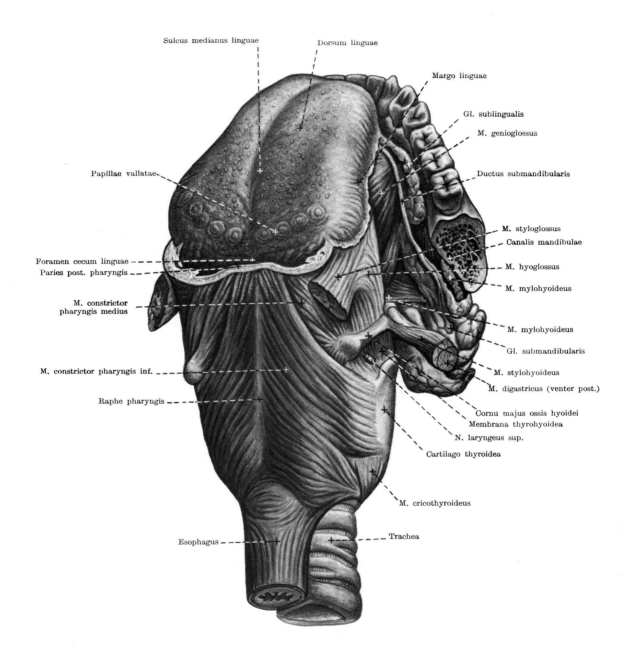

Fig. 28. LINGUA, PHARYNX ET MUSCULI SUPRAHYOIDEI

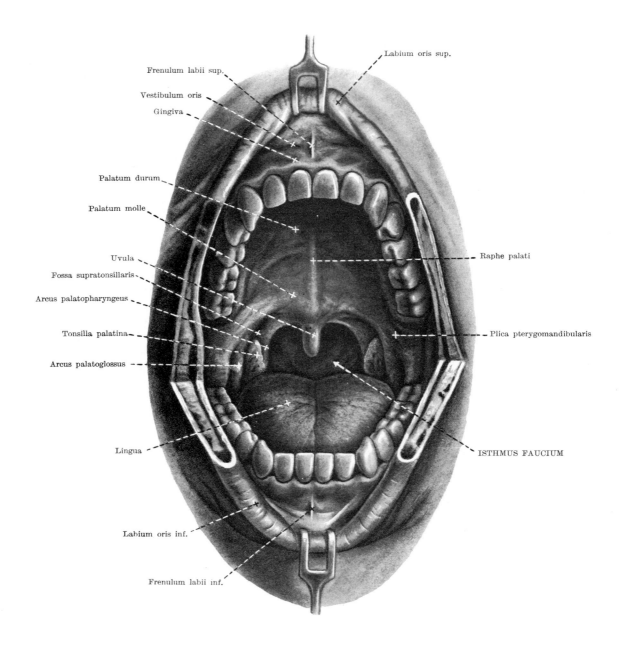

Fig. 29. CAVUM ORIS ET ISTHMUS FAUCIUM

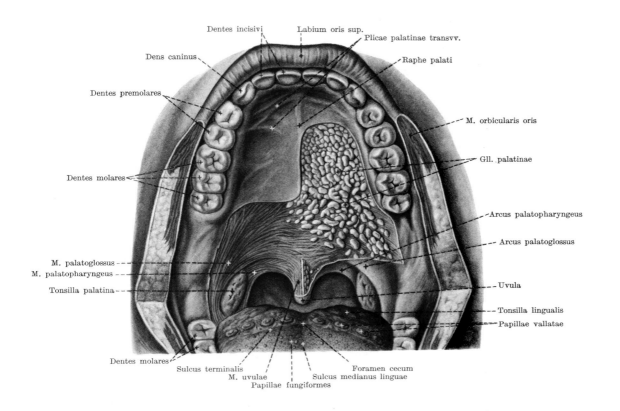

Fig. 30. PALATUM

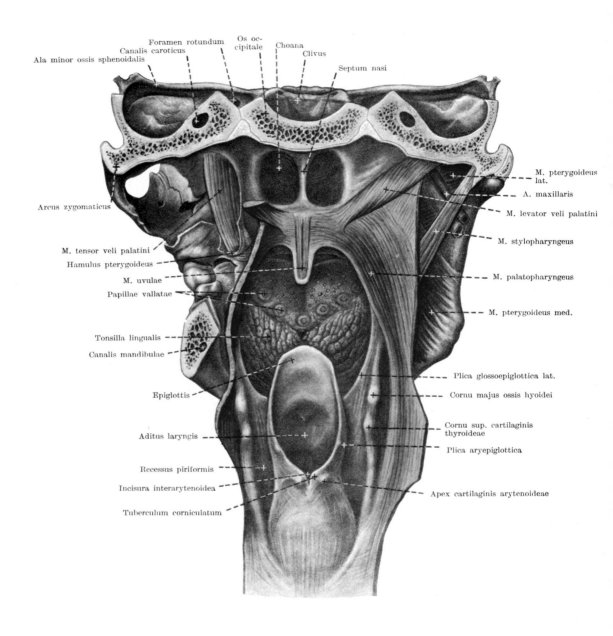

Fig. 31. CAVUM ET MUSCULI LEVATORES PHARYNGIS
(aspectus posterior)

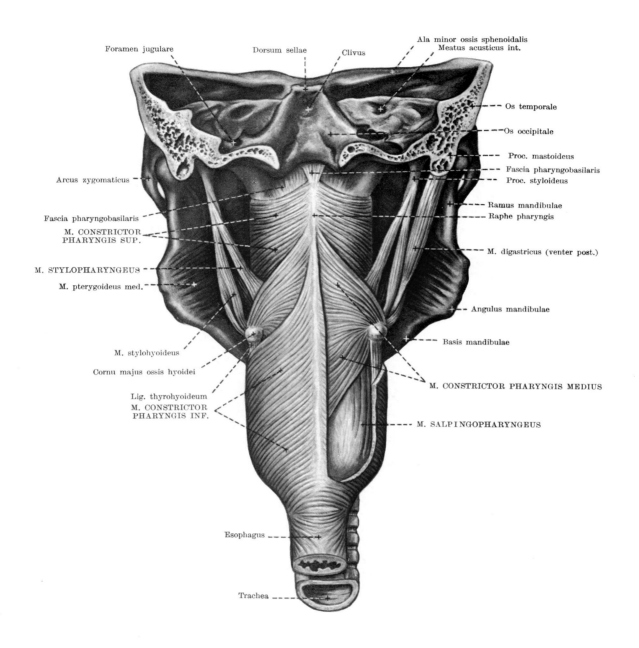

Foramen jugulare
Dorsum sellae
Clivus
Ala minor ossis sphenoidalis
Meatus acusticus int.

Os temporale
Os occipitale
Proc. mastoideus
Fascia pharyngobasilaris
Proc. styloideus
Arcus zygomaticus
Ramus mandibulae
Raphe pharyngis
Fascia pharyngobasilaris
M. CONSTRICTOR PHARYNGIS SUP.
M. digastricus (venter post.)
M. STYLOPHARYNGEUS
M. pterygoideus med.
Angulus mandibulae
M. stylohyoideus
Basis mandibulae
Cornu majus ossis hyoidei
Lig. thyrohyoideum
M. CONSTRICTOR PHARYNGIS INF.
M. CONSTRICTOR PHARYNGIS MEDIUS
M. SALPINGOPHARYNGEUS

Esophagus

Trachea

Fig. 32. MUSCULI PHARYNGIS I.
(aspectus posterior)

3*

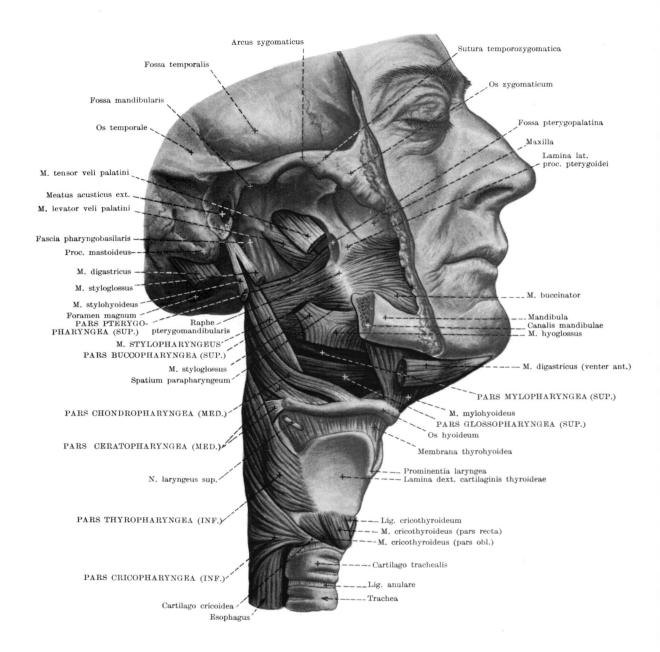

Arcus zygomaticus

Sutura temporozygomatica

Fossa temporalis

Os zygomaticum

Fossa mandibularis

Fossa pterygopalatina

Os temporale

Maxilla

Lamina lat.
proc. pterygoidei

M. tensor veli palatini

Meatus acusticus ext.

M. levator veli palatini

Fascia pharyngobasilaris

Proc. mastoideus

M. digastricus

M. buccinator

M. styloglossus

M. stylohyoideus

Mandibula
Canalis mandibulae
M. hyoglossus

Foramen magnum
PARS PTERYGO-
PHARYNGEA (SUP.)

Raphe
pterygomandibularis

M. STYLOPHARYNGEUS
PARS BUCCOPHARYNGEA (SUP.)

M. digastricus (venter ant.)

M. styloglossus

Spatium parapharyngeum

PARS MYLOPHARYNGEA (SUP.)

PARS CHONDROPHARYNGEA (MED.)

M. mylohyoideus
PARS GLOSSOPHARYNGEA (SUP.)
Os hyoideum

PARS CERATOPHARYNGEA (MED.)

Membrana thyrohyoidea

N. laryngeus sup.

Prominentia laryngea
Lamina dext. cartilaginis thyroideae

PARS THYROPHARYNGEA (INF.)

Lig. cricothyroideum
M. cricothyroideus (pars recta)
M. cricothyroideus (pars obl.)

Cartilago trachealis

PARS CRICOPHARYNGEA (INF.)

Lig. anulare
Trachea

Cartilago cricoidea
Esophagus

Fig. 33. MUSCULI PHARYNGIS II.
(aspectus lateralis, musculi constrictores pharyngis sup., med. et inf.)

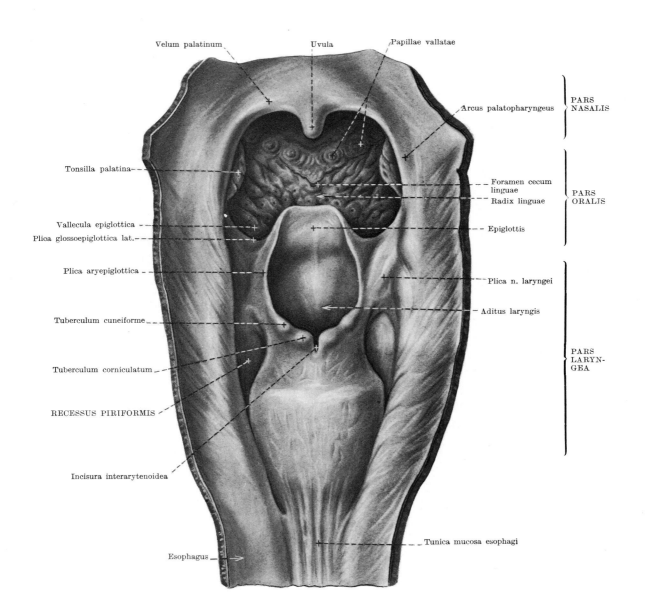

Velum palatinum

Uvula

Papillae vallatae

Arcus palatopharyngeus

PARS NASALIS

Tonsilla palatina

Foramen cecum linguae

Radix linguae

PARS ORALIS

Vallecula epiglottica

Plica glossoepiglottica lat.

Epiglottis

Plica aryepiglottica

Plica n. laryngei

Tuberculum cuneiforme

Aditus laryngis

Tuberculum corniculatum

RECESSUS PIRIFORMIS

PARS LARYN-GEA

Incisura interarytenoidea

Tunica mucosa esophagi

Esophagus

Fig. 34. CAVUM PHARYNGIS
(aspectus posterior, paries posterior apertus)

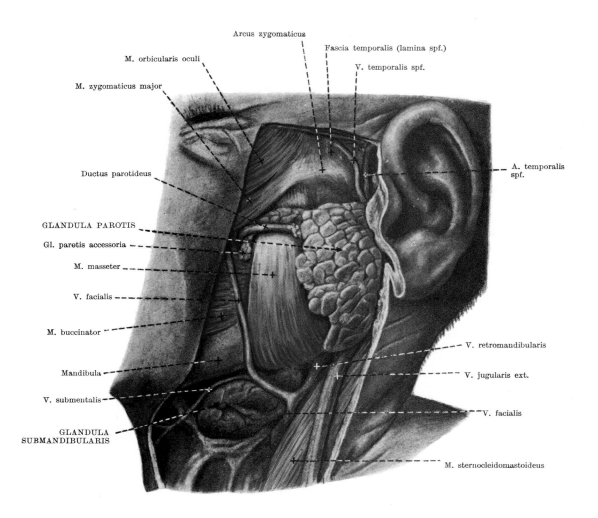

Fig. 35. GLANDULA PAROTIS ET GLANDULA SUBMANDIBULARIS

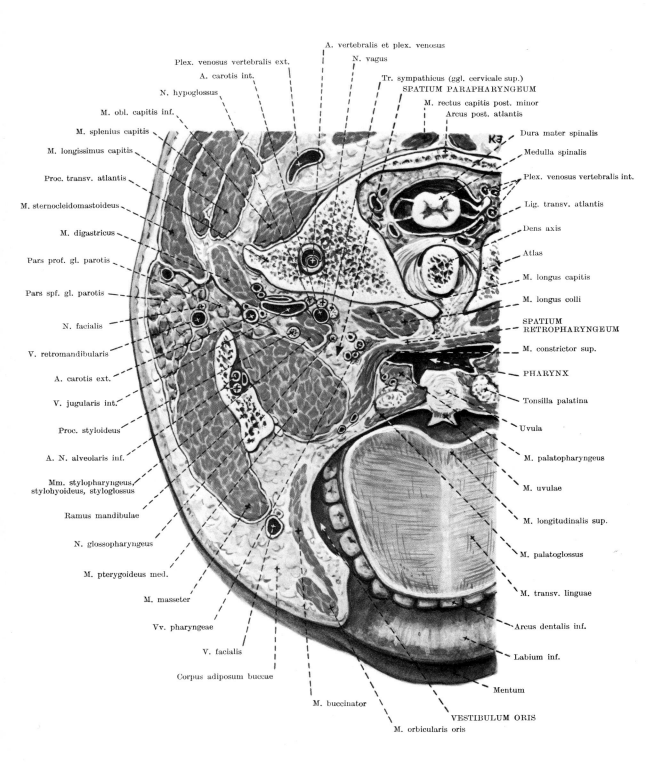

A. vertebralis et plex. venosus
N. vagus
Plex. venosus vertebralis ext.
A. carotis int.
Tr. sympathicus (ggl. cervicale sup.)
SPATIUM PARAPHARYNGEUM
N. hypoglossus
M. rectus capitis post. minor
Arcus post. atlantis
M. obl. capitis inf.
M. splenius capitis
Dura mater spinalis
M. longissimus capitis
Medulla spinalis
Proc. transv. atlantis
Plex. venosus vertebralis int.
M. sternocleidomastoideus
Lig. transv. atlantis
M. digastricus
Dens axis
Pars prof. gl. parotis
Atlas
Pars spf. gl. parotis
M. longus capitis
N. facialis
M. longus colli
V. retromandibularis
SPATIUM RETROPHARYNGEUM
A. carotis ext.
M. constrictor sup.
V. jugularis int.
PHARYNX
Proc. styloideus
Tonsilla palatina
A. N. alveolaris inf.
Uvula
Mm. stylopharyngeus, stylohyoideus, styloglossus
M. palatopharyngeus
Ramus mandibulae
M. uvulae
N. glossopharyngeus
M. longitudinalis sup.
M. pterygoideus med.
M. palatoglossus
M. masseter
M. transv. linguae
Vv. pharyngeae
Arcus dentalis inf.
V. facialis
Labium inf.
Corpus adiposum buccae
Mentum
M. buccinator
VESTIBULUM ORIS
M. orbicularis oris

Fig. 36. SECTIO HORIZONTALIS CAPITIS

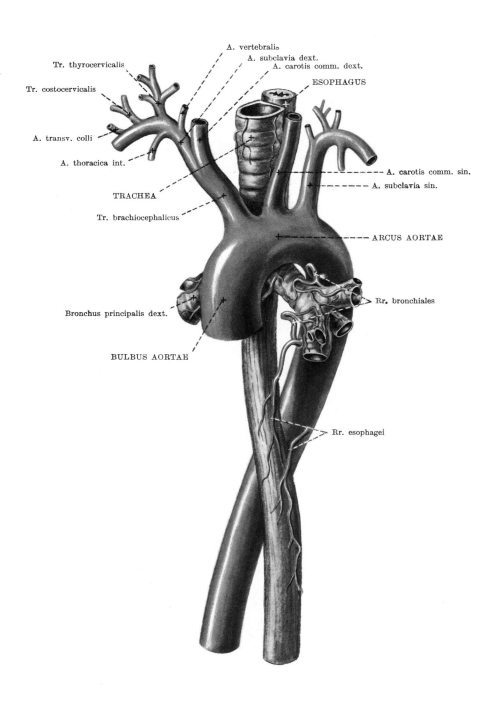

A. vertebralis
A. subclavia dext.
A. carotis comm. dext.
Tr. thyrocervicalis
Tr. costocervicalis
ESOPHAGUS
A. transv. colli
A. thoracica int.
A. carotis comm. sin.
A. subclavia sin.
TRACHEA
Tr. brachiocephalicus
ARCUS AORTAE
Rr. bronchiales
Bronchus principalis dext.
BULBUS AORTAE
Rr. esophagei

Fig. 37. AORTA, TRACHEA ET ESOPHAGUS I.
(aspectus anterior)

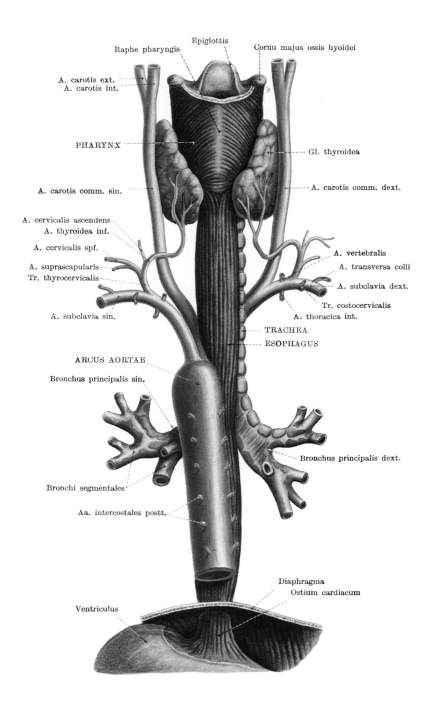

Raphe pharyngis

Epiglottis

Cornu majus ossis hyoidei

A. carotis ext.
A. carotis int.

PHARYNX

Gl. thyroidea

A. carotis comm. sin.

A. carotis comm. dext.

A. cervicalis ascendens
A. thyroidea inf.

A. cervicalis spf.

A. vertebralis
A. transversa colli

A. suprascapularis
Tr. thyrocervicalis

A. subclavia dext.

Tr. costocervicalis
A. thoracica int.

A. subclavia sin.

TRACHEA
ESOPHAGUS

ARCUS AORTAE

Bronchus principalis sin.

Bronchus principalis dext.

Bronchi segmentales

Aa. intercostales postt.

Diaphragma
Ostium cardiacum

Ventriculus

Fig. 38. AORTA, TRACHEA ET ESOPHAGUS II.
(aspectus posterior)

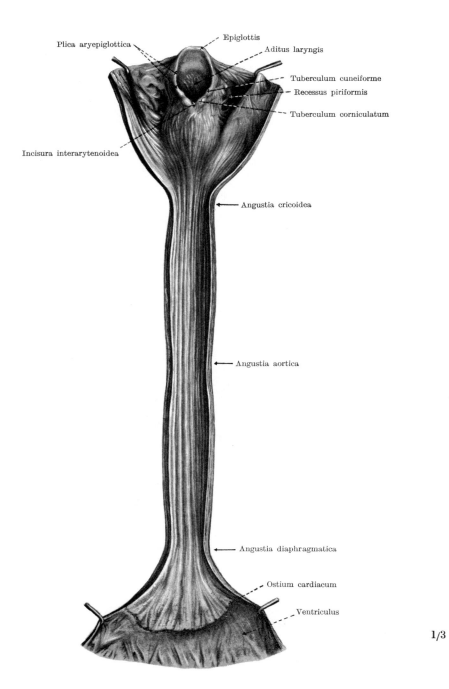

1/3

Fig. 39. ESOPHAGUS
(aspectus posterior, paries posterior apertus)

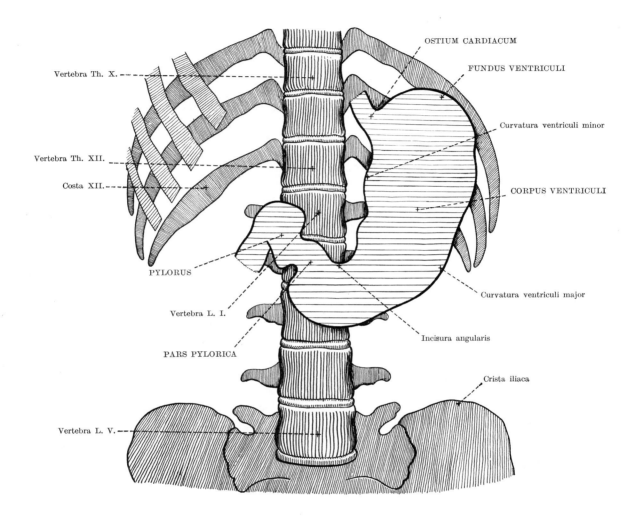

Fig. 40. VENTRICULUS (GASTER) I.

(projectio ventriculi)

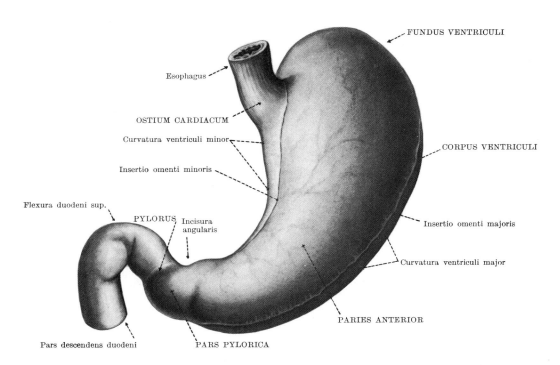

FUNDUS VENTRICULI

Esophagus

OSTIUM CARDIACUM

Curvatura ventriculi minor

Insertio omenti minoris

CORPUS VENTRICULI

Flexura duodeni sup.

PYLORUS Incisura
angularis

Insertio omenti majoris

Curvatura ventriculi major

Pars descendens duodeni

PARS PYLORICA

PARIES ANTERIOR

Fig. 41. VENTRICULUS II.
(aspectus anterior)

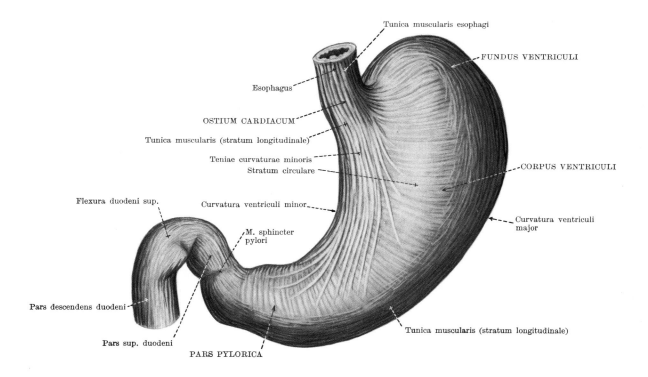

Tunica muscularis esophagi

FUNDUS VENTRICULI

Esophagus

OSTIUM CARDIACUM

Tunica muscularis (stratum longitudinale)

Teniae curvaturae minoris

Stratum circulare

CORPUS VENTRICULI

Flexura duodeni sup.

Curvatura ventriculi minor

M. sphincter
pylori

Curvatura ventriculi
major

Pars descendens duodeni

Pars sup. duodeni

PARS PYLORICA

Tunica muscularis (stratum longitudinale)

Fig. 42. VENTRICULUS III.
(tunica muscularis, stratum superficiale)

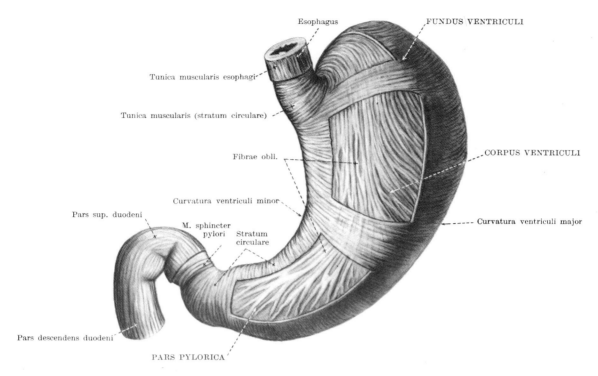

Fig. 43. VENTRICULUS IV.

(tunica muscularis, stratum profundum)

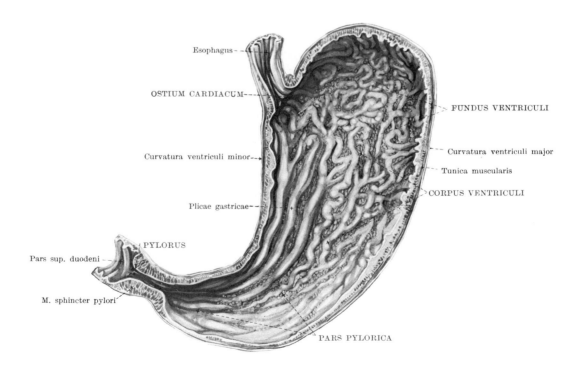

Fig. 44. VENTRICULUS V.

(tunica mucosa, sectio frontalis)

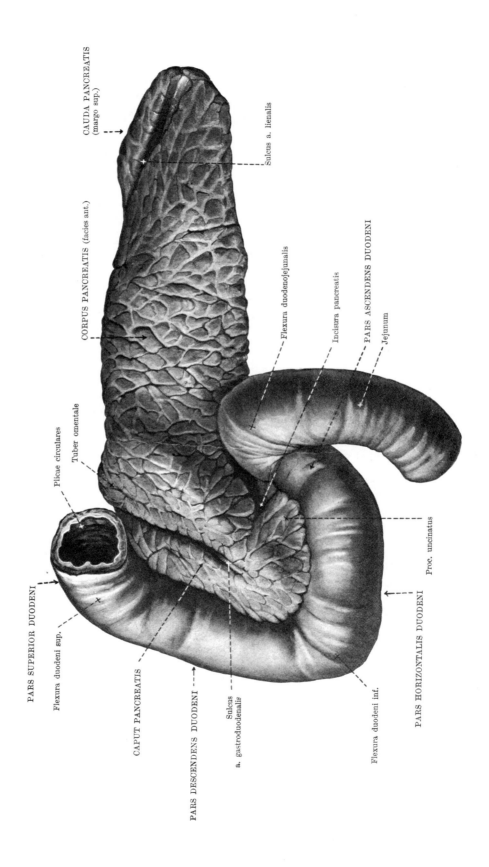

CAUDA PANCREATIS
(margo sup.)

Sulcus a. lienalis

CORPUS PANCREATIS (facies ant.)

Flexura duodenojejunalis

Incisura pancreatis

PARS ASCENDENS DUODENI

Jejunum

Tuber omentale

Plicae circulares

Proc. uncinatus

PARS SUPERIOR DUODENI

Flexura duodeni sup.

CAPUT PANCREATIS

PARS DESCENDENS DUODENI

Sulcus
a. gastroduodenalis

Flexura duodeni inf.

PARS HORIZONTALIS DUODENI

Fig. 45. DUODENUM ET PANCREAS I.

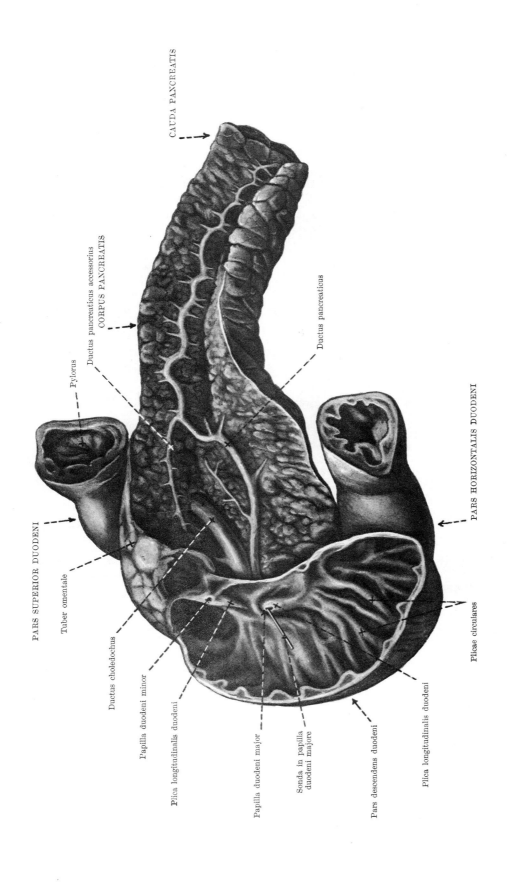

CAUDA PANCREATIS

Ductus pancreaticus accessorius
CORPUS PANCREATIS

Ductus pancreaticus

Pylorus

PARS HORIZONTALIS DUODENI

PARS SUPERIOR DUODENI

Tuber omentale

Ductus choledochus

Papilla duodeni minor

Plica longitudinalis duodeni

Papilla duodeni major

Sonda in papilla
duodeni majore

Pars descendens duodeni

Plica longitudinalis duodeni

Plicae circulares

Fig. 46. DUODENUM ET PANCREAS II.

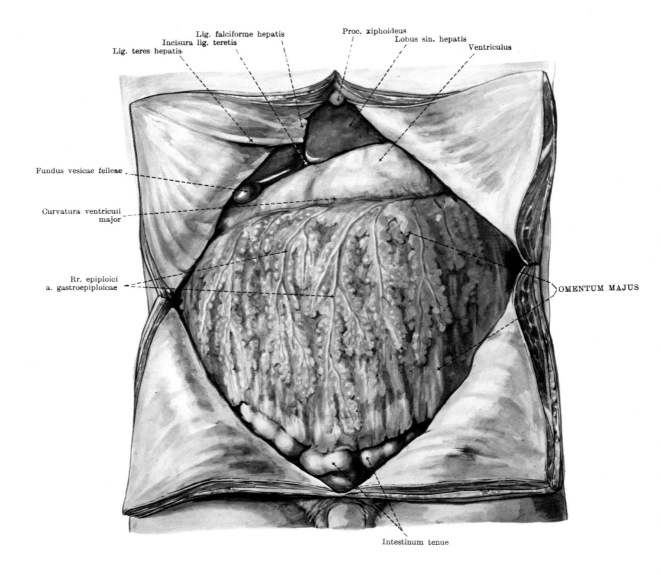

Fig. 47. SITUS VISCERUM ABDOMINIS I.

(omentum majus)

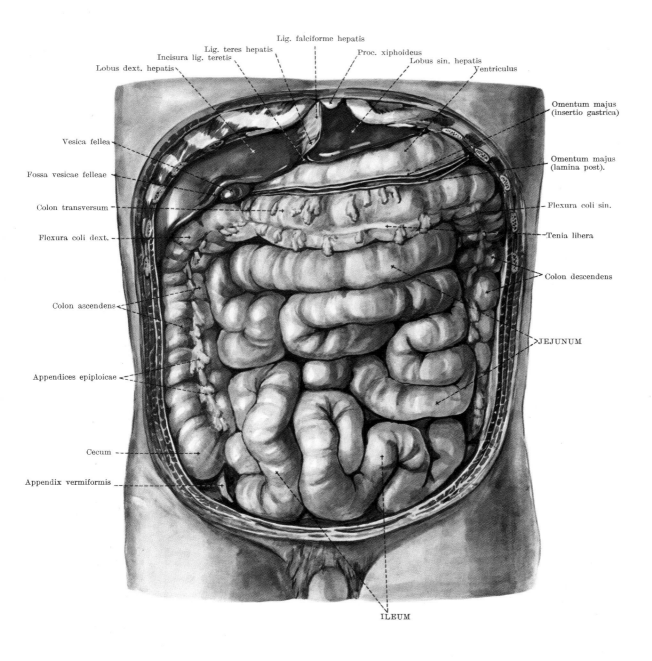

Fig. 48. SITUS VISCERUM ABDOMINIS II.

(intestinum tenue)

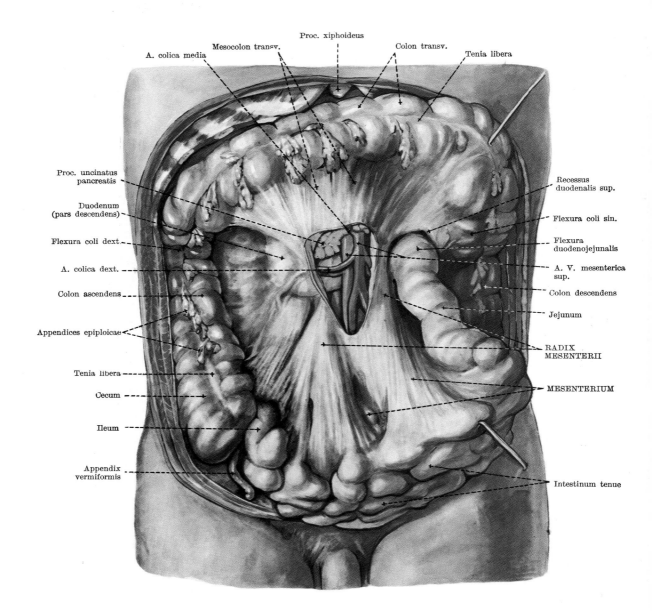

A. colica media
Mesocolon transv.
Proc. xiphoideus
Colon transv.
Tenia libera

Proc. uncinatus pancreatis
Duodenum (pars descendens)
Flexura coli dext.
A. colica dext.
Colon ascendens
Appendices epiploicae
Tenia libera
Cecum
Ileum
Appendix vermiformis

Recessus duodenalis sup.
Flexura coli sin.
Flexura duodenojejunalis
A. V. mesenterica sup.
Colon descendens
Jejunum
RADIX MESENTERII
MESENTERIUM
Intestinum tenue

Fig. 49. SITUS VISCERUM ABDOMINIS III.
(radix mesenterii)

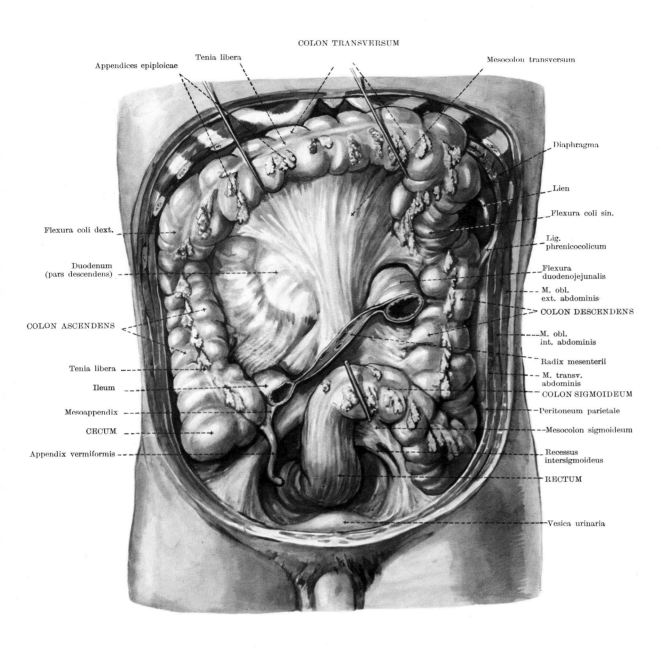

COLON TRANSVERSUM

Appendices epiploicae   Tenia libera   Mesocolon transversum

Diaphragma

Lien

Flexura coli sin.

Flexura coli dext.

Lig. phrenicocolicum

Duodenum (pars descendens)

Flexura duodenojejunalis

M. obl. ext. abdominis

COLON DESCENDENS

COLON ASCENDENS

M. obl. int. abdominis

Radix mesenterii

Tenia libera

M. transv. abdominis

Ileum

COLON SIGMOIDEUM

Mesoappendix

Peritoneum parietale

CECUM

Mesocolon sigmoideum

Appendix vermiformis

Recessus intersigmoideus

RECTUM

Vesica urinaria

Fig. 50. SITUS VISCERUM ABDOMINIS IV.
(intestinum crassum)

4*

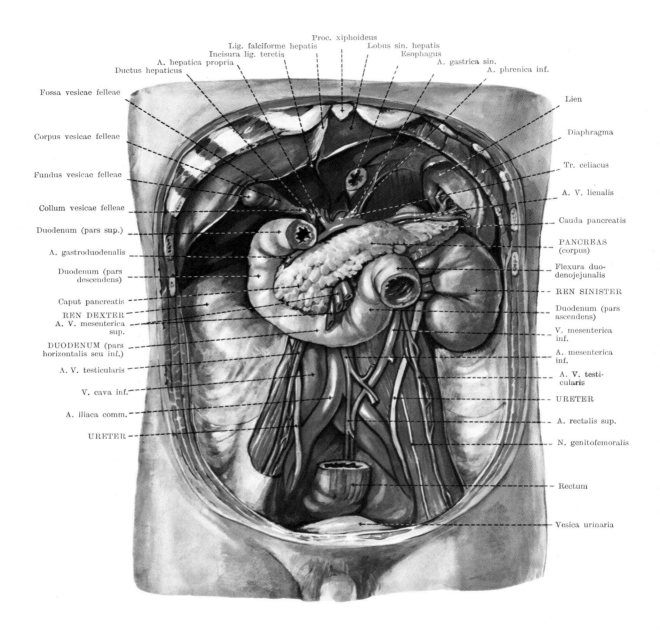

Proc. xiphoideus
Lig. falciforme hepatis — Lobus sin. hepatis
Incisura lig. teretis — Esophagus
A. hepatica propria — A. gastrica sin.
Ductus hepaticus — A. phrenica inf.

Fossa vesicae felleae

Corpus vesicae felleae

Fundus vesicae felleae

Collum vesicae felleae

Duodenum (pars sup.)

A. gastroduodenalis

Duodenum (pars descendens)

Caput pancreatis
REN DEXTER
A. V. mesenterica sup.
DUODENUM (pars horizontalis seu inf.)
A. V. testicularis

V. cava inf.

A. iliaca comm.

URETER

Lien

Diaphragma

Tr. celiacus

A. V. lienalis

Cauda pancreatis

PANCREAS (corpus)

Flexura duodenojejunalis

REN SINISTER

Duodenum (pars ascendens)

V. mesenterica inf.

A. mesenterica inf.

A. V. testicularis

URETER

A. rectalis sup.

N. genitofemoralis

Rectum

Vesica urinaria

Fig. 51. SITUS VISCERUM ABDOMINIS V.
(organa retroperitonealia I.)

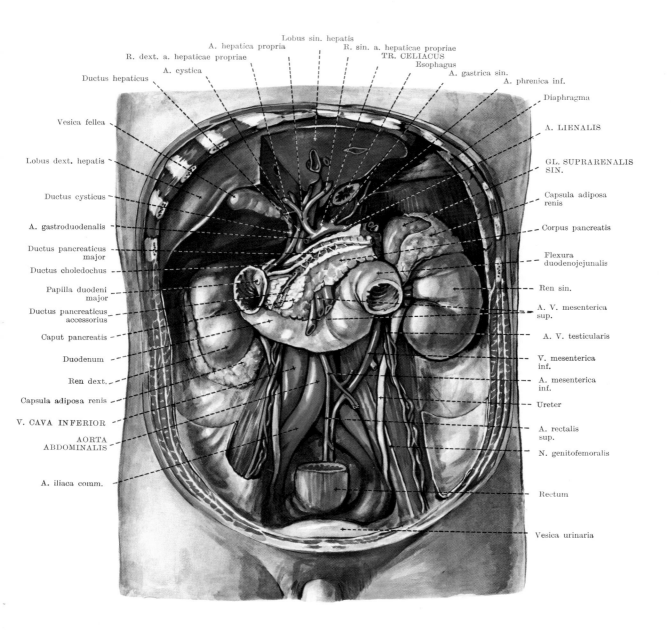

Ductus hepaticus

R. dext. a. hepaticae propriae

A. cystica

A. hepatica propria

Lobus sin. hepatis

R. sin. a. hepaticae propriae

TR. CELIACUS

Esophagus

A. gastrica sin.

A. phrenica inf.

Diaphragma

Vesica fellea

Lobus dext. hepatis

Ductus cysticus

A. gastroduodenalis

Ductus pancreaticus major

Ductus choledochus

Papilla duodeni major

Ductus pancreaticus accessorius

Caput pancreatis

Duodenum

Ren dext.

Capsula adiposa renis

V. CAVA INFERIOR

AORTA ABDOMINALIS

A. iliaca comm.

A. LIENALIS

GL. SUPRARENALIS SIN.

Capsula adiposa renis

Corpus pancreatis

Flexura duodenojejunalis

Ren sin.

A. V. mesenterica sup.

A. V. testicularis

V. mesenterica inf.

A. mesenterica inf.

Ureter

A. rectalis sup.

N. genitofemoralis

Rectum

Vesica urinaria

Fig. 52. SITUS VISCERUM ABDOMINIS VI.

(organa retroperitonealia II.)

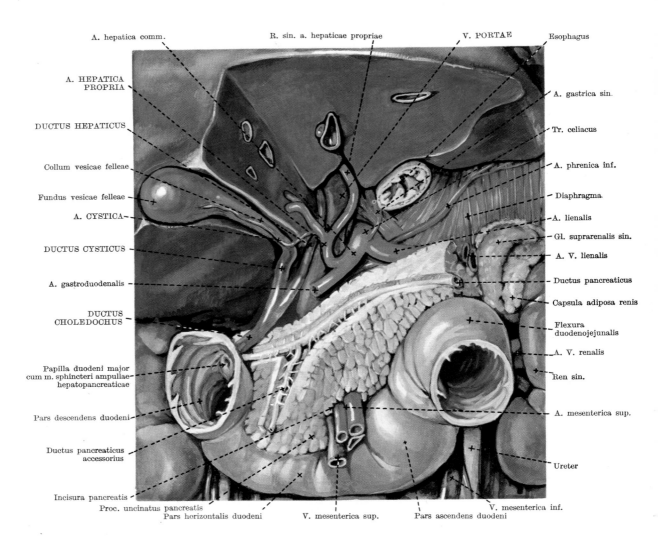

A. hepatica comm.

R. sin. a. hepaticae propriae

V. PORTAE

Esophagus

A. HEPATICA PROPRIA

DUCTUS HEPATICUS

Collum vesicae felleae

Fundus vesicae felleae

A. CYSTICA

DUCTUS CYSTICUS

A. gastroduodenalis

DUCTUS CHOLEDOCHUS

Papilla duodeni major cum m. sphincteri ampullae hepatopancreaticae

Pars descendens duodeni

Ductus pancreaticus accessorius

Incisura pancreatis

Proc. uncinatus pancreatis

Pars horizontalis duodeni

V. mesenterica sup.

Pars ascendens duodeni

V. mesenterica inf.

A. gastrica sin.

Tr. celiacus

A. phrenica inf.

Diaphragma

A. lienalis

Gl. suprarenalis sin.

A. V. lienalis

Ductus pancreaticus

Capsula adiposa renis

Flexura duodenojejunalis

A. V. renalis

Ren sin.

A. mesenterica sup.

Ureter

Fig. 53. SITUS VISCERUM ABDOMINIS VII.

(porta hepatis et vasa omenti minoris)

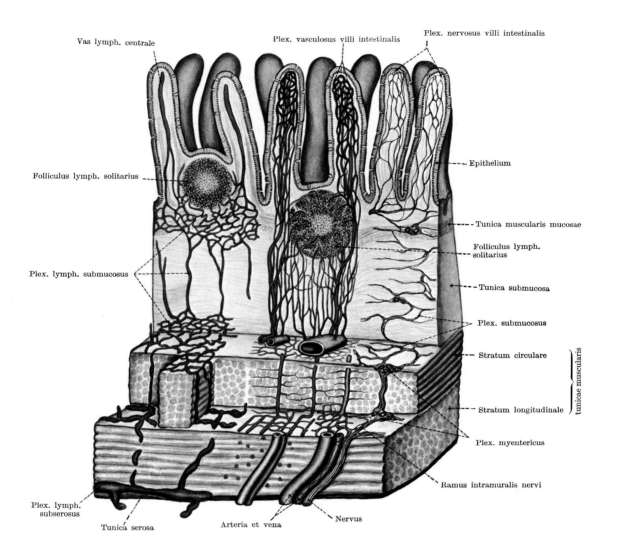

Vas lymph. centrale

Plex. vasculosus villi intestinalis

Plex. nervosus villi intestinalis

Epithelium

Folliculus lymph. solitarius

Tunica muscularis mucosae

Folliculus lymph. solitarius

Plex. lymph. submucosus

Tunica submucosa

Plex. submucosus

Stratum circulare

tunicae muscularis

Stratum longitudinale

Plex. myentericus

Ramus intramuralis nervi

Plex. lymph. subserosus

Tunica serosa

Arteria et vena

Nervus

Fig. 54. STRUCTURA INTESTINI

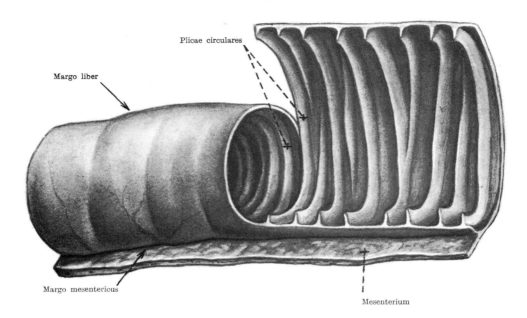

Margo liber

Plicae circulares

Margo mesentericus

Mesenterium

Fig. 55. PLICAE JEJUNI

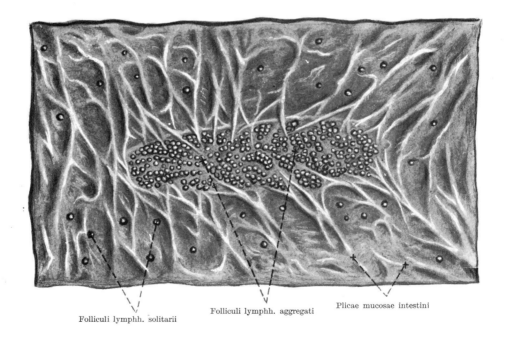

Folliculi lymphh. solitarii

Folliculi lymphh. aggregati

Plicae mucosae intestini

Fig. 56. FOLLICULI LYMPHATICI INTESTINI

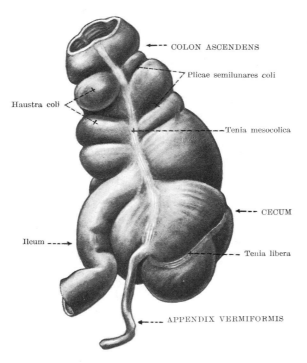

Fig. 57. CECUM ET APPENDIX VERMIFORMIS
(aspectus posterior)

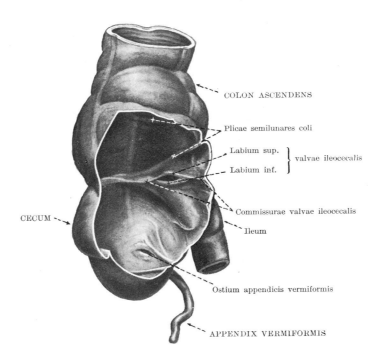

Fig. 58. OSTIUM ILEOCECALE
(aspectus anterior, cecum apertum)

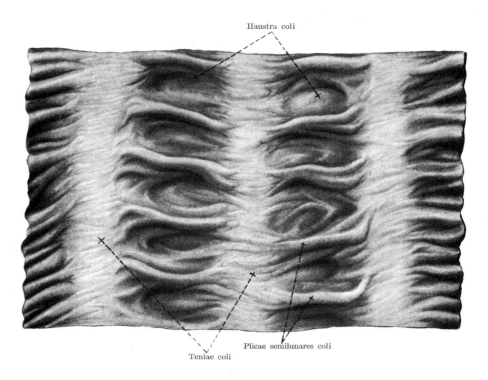

Haustra coli

Teniae coli

Plicae semilunares coli

Fig. 59. TUNICA MUCOSA INTESTINI CRASSI

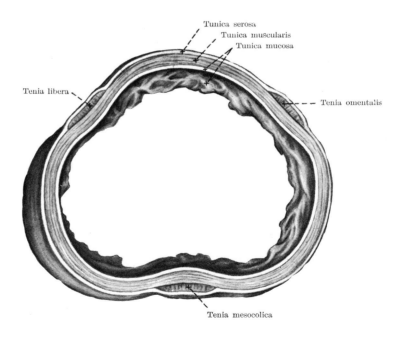

Tunica serosa
Tunica muscularis
Tunica mucosa

Tenia libera

Tenia omentalis

Tenia mesocolica

Fig. 60. SECTIO TRANSVERSA INTESTINI CRASSI

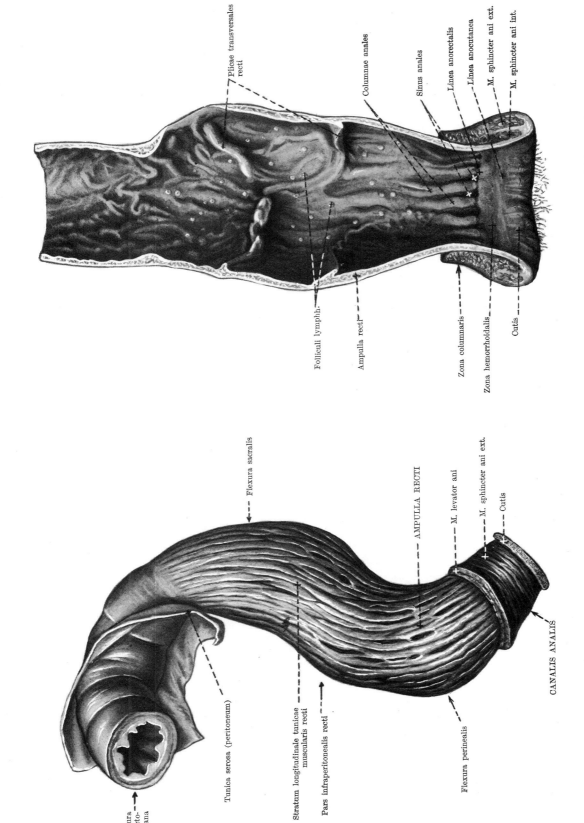

Plicae transversales recti

Columnae anales

Sinus anales

Linea anorectalis

Linea anocutanea

M. sphincter ani ext.

M. sphincter ani int.

Folliculi lymph.

Ampulla recti

Zona columnaris

Zona hemorrhoidalis

Cutis

Fig. 62. TUNICA MUCOSA RECTI

Flexura sacralis

AMPULLA RECTI

M. levator ani

M. sphincter ani ext.

Cutis

Flexura recto-romana

Tunica serosa (peritoneum)

Stratum longitudinale tunicae muscularis recti

Pars infraperitonealis recti

Flexura perinealis

CANALIS ANALIS

Fig. 61. RECTUM

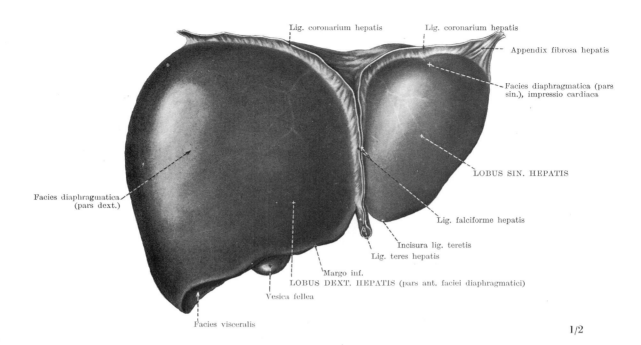

Lig. coronarium hepatis
Lig. coronarium hepatis
Appendix fibrosa hepatis
Facies diaphragmatica (pars sin.), impressio cardiaca
LOBUS SIN. HEPATIS
Facies diaphragmatica (pars dext.)
Lig. falciforme hepatis
Incisura lig. teretis
Lig. teres hepatis
Margo inf.
LOBUS DEXT. HEPATIS (pars ant. faciei diaphragmatici)
Vesica fellea
Facies visceralis

1/2

Fig. 63. HEPAR I.
(aspectus anterior)

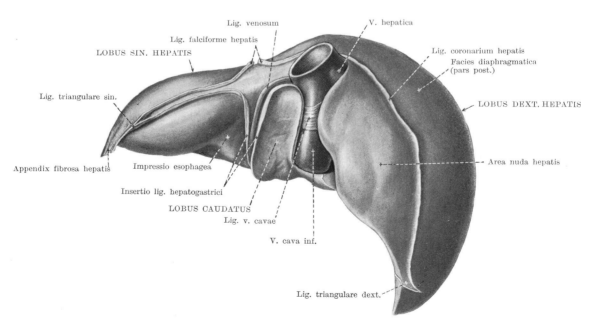

Lig. venosum
V. hepatica
Lig. falciforme hepatis
LOBUS SIN. HEPATIS
Lig. coronarium hepatis
Facies diaphragmatica (pars post.)
Lig. triangulare sin.
LOBUS DEXT. HEPATIS
Appendix fibrosa hepatis
Impressio esophagea
Area nuda hepatis
Insertio lig. hepatogastrici
LOBUS CAUDATUS
Lig. v. cavae
V. cava inf.
Lig. triangulare dext.

Fig. 64. HEPAR II.
(aspectus posterior)

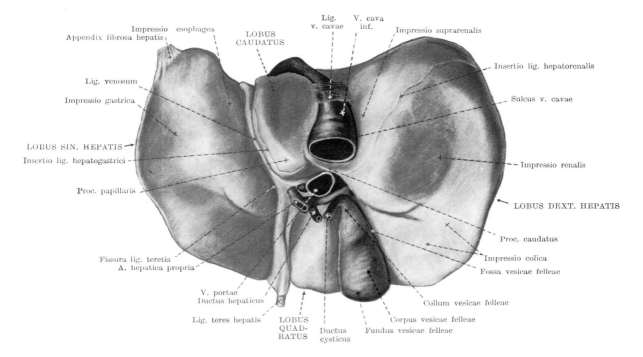

Impressio esophagea
Appendix fibrosa hepatis
LOBUS CAUDATUS
Lig. v. cavae
V. cava inf.
Impressio suprarenalis
Lig. venosum
Impressio gastrica
Insertio lig. hepatorenalis
Sulcus v. cavae
LOBUS SIN. HEPATIS
Insertio lig. hepatogastrici
Proc. papillaris
Impressio renalis
LOBUS DEXT. HEPATIS
Proc. caudatus
Impressio colica
Fossa vesicae felleae
Fissura lig. teretis
A. hepatica propria
V. portae
Ductus hepaticus
Collum vesicae felleae
Lig. teres hepatis
LOBUS QUAD-RATUS
Ductus cysticus
Corpus vesicae felleae
Fundus vesicae felleae

Fig. 65. HEPAR III.
(aspectus inferior)

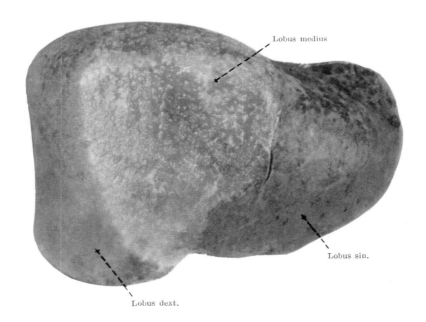

Lobus medius
Lobus sin.
Lobus dext.

Fig. 66. LOBI PORTO-BILIARES HEPATIS I.
(preparatum injectum, aspectus anterior, fecerunt J. Faller et G. Ungváry)

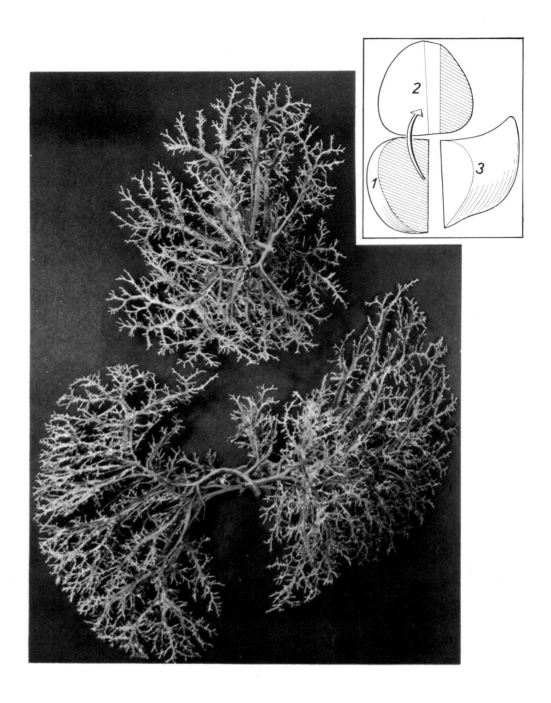

1. Lobus porto-biliaris dext.   color ruber = a. hepatica
2. Lobus porto-biliaris medius color ceruleus = v. portae
3. Lobus porto-biliaris sin.   color flavus = ductus hepaticus

Fig. 67. LOBI PORTO-BILIARES HEPATIS II.
(preparatum injectum et corrosum fecerunt J. Faller et G. Ungváry)

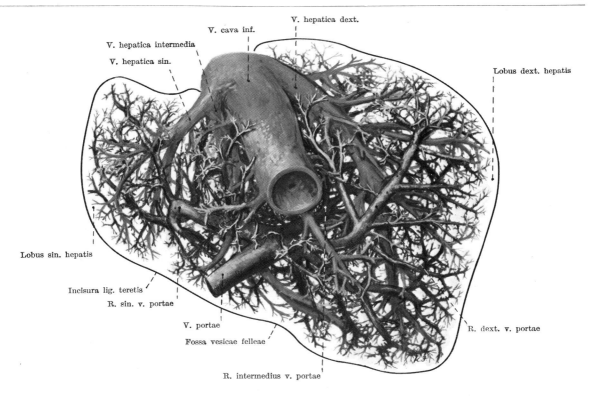

Fig. 68. VENAE HEPATIS

(vena portae et vena hepatica, preparatum corrosum fecit F. Kádár)

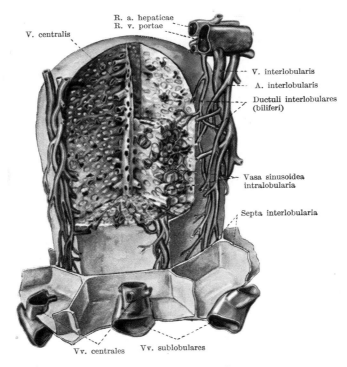

Fig. 69. STRUCTURA HEPATIS

(lobulus hepatis)

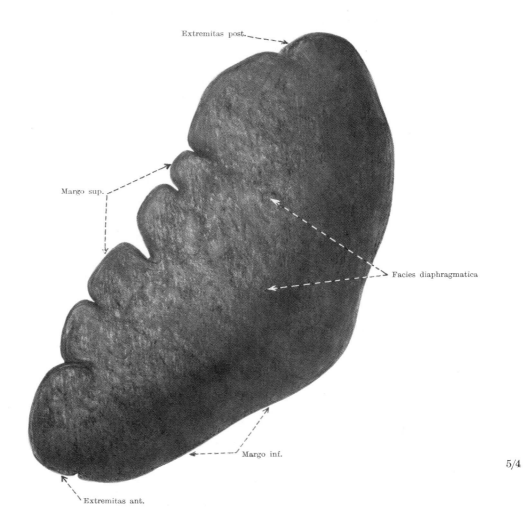

Extremitas post.

Margo sup.

Facies diaphragmatica

Margo inf.

Extremitas ant.

5/4

Fig. 70. LIEN I.
(aspectus lateralis, facies diaphragmatica)

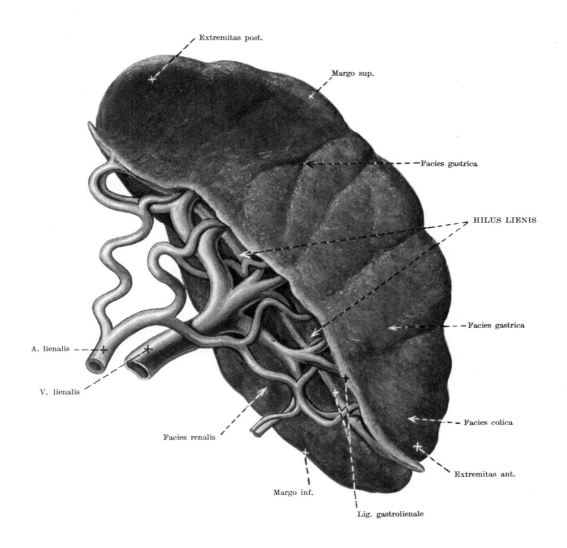

Fig. 71. LIEN II.
(aspectus antero-medialis, facies visceralis)

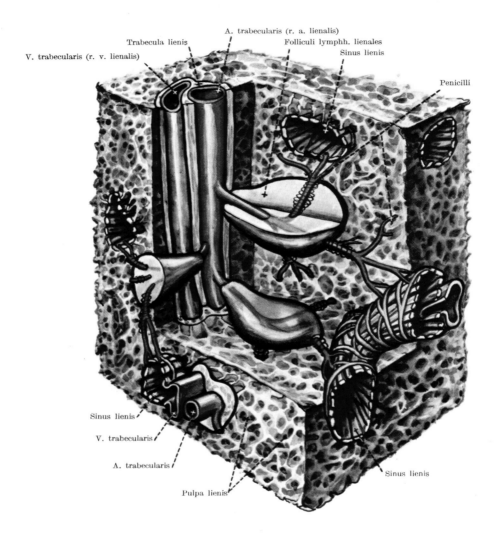

A. trabecularis (r. a. lienalis)

Trabecula lienis

Folliculi lymphh. lienales

V. trabecularis (r. v. lienalis)

Sinus lienis

Penicilli

Sinus lienis

V. trabecularis

A. trabecularis

Sinus lienis

Pulpa lienis

Fig. 72. STRUCTURA LIENIS
(corpuscula lienalia)

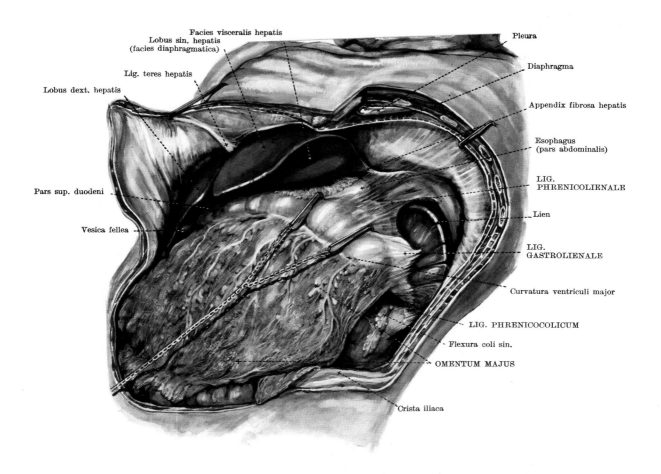

Facies visceralis hepatis
Lobus sin. hepatis
(facies diaphragmatica)

Lig. teres hepatis

Lobus dext. hepatis

Pars sup. duodeni

Vesica fellea

Pleura

Diaphragma

Appendix fibrosa hepatis

Esophagus
(pars abdominalis)

LIG.
PHRENICOLIENALE

Lien

LIG.
GASTROLIENALE

Curvatura ventriculi major

LIG. PHRENICOCOLICUM

Flexura coli sin.

OMENTUM MAJUS

Crista iliaca

Fig. 73. PERITONEUM I.
(cavum peritonei apertum, omentum majus et nidus lienis)

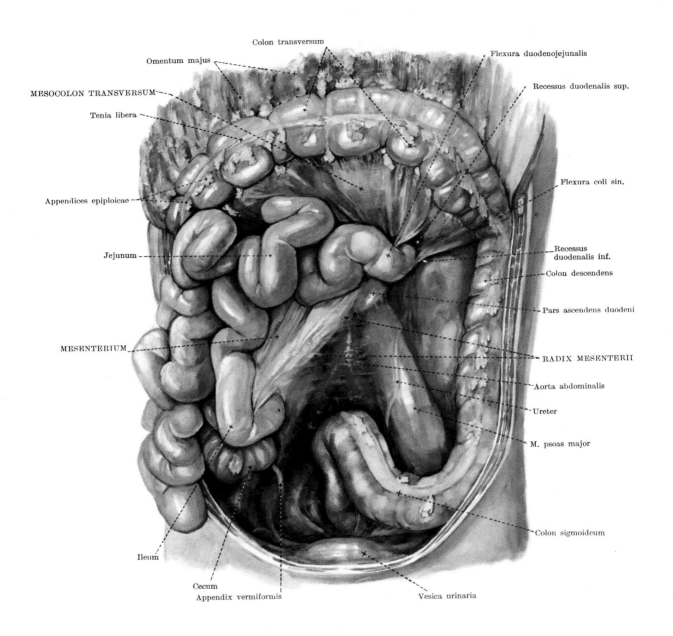

Fig. 74. PERITONEUM II.
(mesenterium)

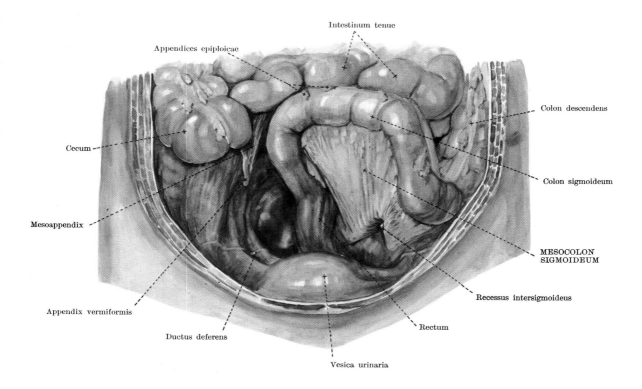

Fig. 75. PERITONEUM III.

(mesocolon sigmoideum)

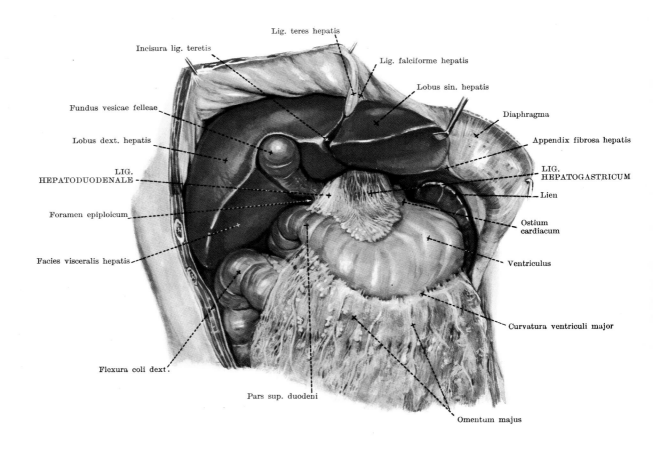

Lig. teres hepatis

Incisura lig. teretis

Lig. falciforme hepatis

Lobus sin. hepatis

Fundus vesicae felleae

Diaphragma

Appendix fibrosa hepatis

Lobus dext. hepatis

LIG.
HEPATODUODENALE

LIG.
HEPATOGASTRICUM

Lien

Foramen epiploicum

Ostium
cardiacum

Facies visceralis hepatis

Ventriculus

Curvatura ventriculi major

Flexura coli dext.

Pars sup. duodeni

Omentum majus

Fig. 76. PERITONEUM IV.

(omentum minus)

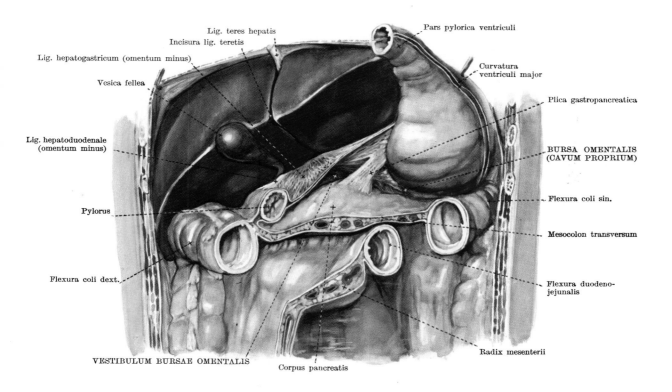

Lig. teres hepatis

Incisura lig. teretis

Pars pylorica ventriculi

Lig. hepatogastricum (omentum minus)

Curvatura ventriculi major

Vesica fellea

Plica gastropancreatica

Lig. hepatoduodenale (omentum minus)

BURSA OMENTALIS (CAVUM PROPRIUM)

Flexura coli sin.

Pylorus

Mesocolon transversum

Flexura coli dext.

Flexura duodeno-jejunalis

Radix mesenterii

VESTIBULUM BURSAE OMENTALIS

Corpus pancreatis

Fig. 77. PERITONEUM V.

(bursa omentalis)

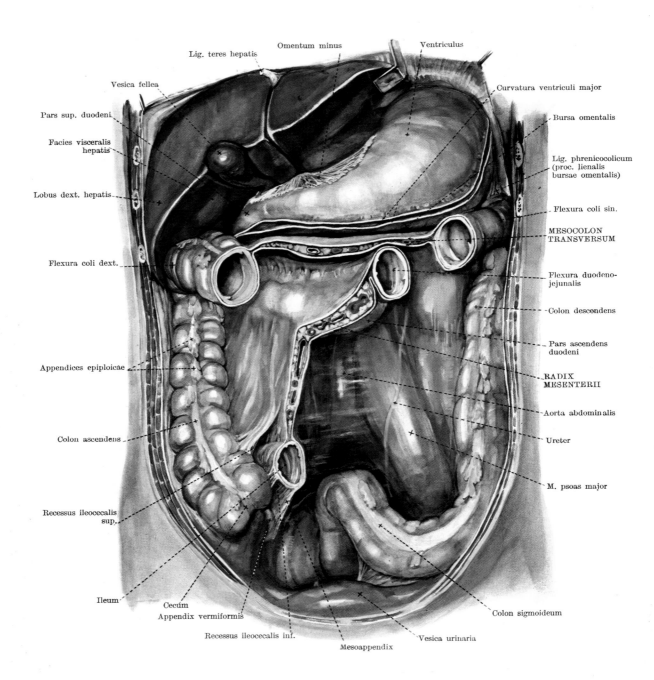

Lig. teres hepatis

Omentum minus

Ventriculus

Vesica fellea

Curvatura ventriculi major

Pars sup. duodeni

Bursa omentalis

Facies visceralis hepatis

Lig. phrenicocolicum (proc. lienalis bursae omentalis)

Lobus dext. hepatis

Flexura coli sin.

MESOCOLON TRANSVERSUM

Flexura coli dext.

Flexura duodeno-jejunalis

Colon descendens

Pars ascendens duodeni

Appendices epiploicae

RADIX MESENTERII

Aorta abdominalis

Colon ascendens

Ureter

M. psoas major

Recessus ileocecalis sup.

Ileum

Colon sigmoideum

Cecum
Appendix vermiformis

Recessus ileocecalis inf.

Vesica urinaria

Mesoappendix

Fig. 78. PERITONEUM VI.
(radix mesenterii)

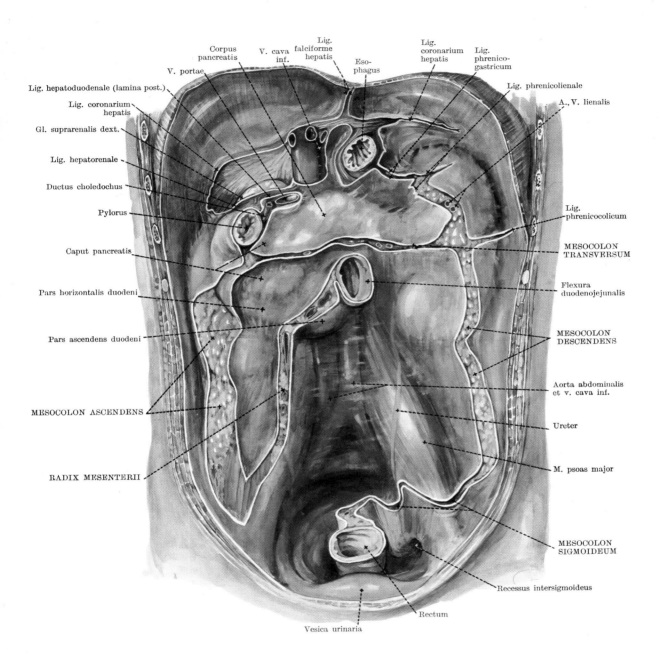

Lig. hepatoduodenale (lamina post.)

Lig. coronarium hepatis

Gl. suprarenalis dext.

Lig. hepatorenale

Ductus choledochus

Pylorus

Caput pancreatis

Pars horizontalis duodeni

Pars ascendens duodeni

MESOCOLON ASCENDENS

RADIX MESENTERII

V. portae

Corpus pancreatis

V. cava inf.

Lig. falciforme hepatis

Eso-phagus

Lig. coronarium hepatis

Lig. phrenico-gastricum

Lig. phrenicolienale

A., V. lienalis

Lig. phrenicocolicum

MESOCOLON TRANSVERSUM

Flexura duodenojejunalis

MESOCOLON DESCENDENS

Aorta abdominalis et v. cava inf.

Ureter

M. psoas major

MESOCOLON SIGMOIDEUM

Recessus intersigmoideus

Rectum

Vesica urinaria

Fig. 79. PERITONEUM VII.

(peritoneum parietale et spatium retroperitoneale)

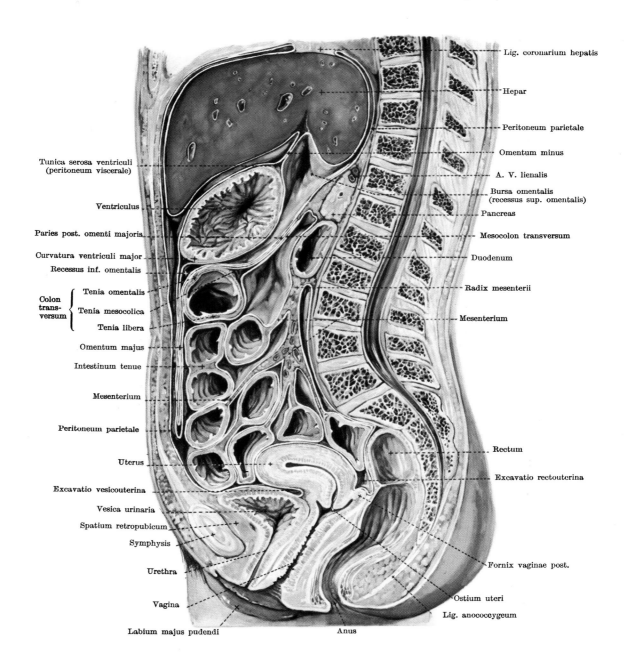

Lig. coronarium hepatis

Hepar

Peritoneum parietale

Omentum minus

A. V. lienalis

Bursa omentalis
(recessus sup. omentalis)

Pancreas

Mesocolon transversum

Duodenum

Radix mesenterii

Mesenterium

Rectum

Excavatio rectouterina

Fornix vaginae post.

Ostium uteri

Lig. anococcygeum

Tunica serosa ventriculi
(peritoneum viscerale)

Ventriculus

Paries post. omenti majoris

Curvatura ventriculi major

Recessus inf. omentalis

Colon
trans-
versum

Tenia omentalis

Tenia mesocolica

Tenia libera

Omentum majus

Intestinum tenue

Mesenterium

Peritoneum parietale

Uterus

Excavatio vesicouterina

Vesica urinaria

Spatium retropubicum

Symphysis

Urethra

Vagina

Labium majus pudendi

Anus

Fig. 80. CAVUM ABDOMINIS I.
(cavum peritonei, sectio sagittalis)

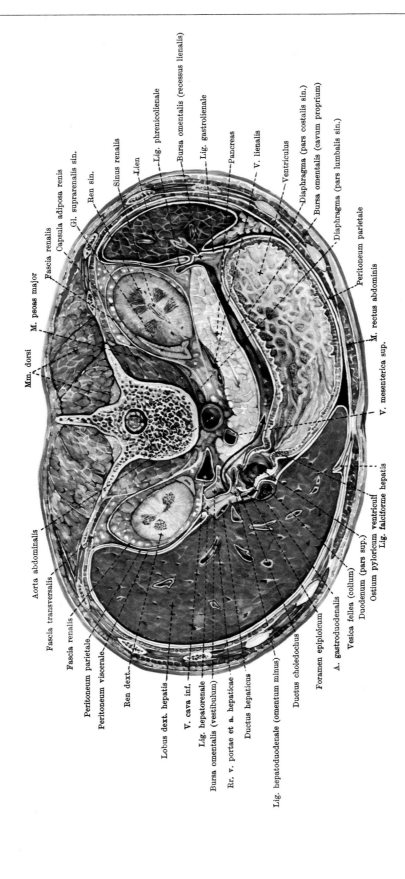

Fig. 81. CAVUM ABDOMINIS II.
(pars superior, sectio transversalis)

II. APPARATUS RESPIRATORIUS

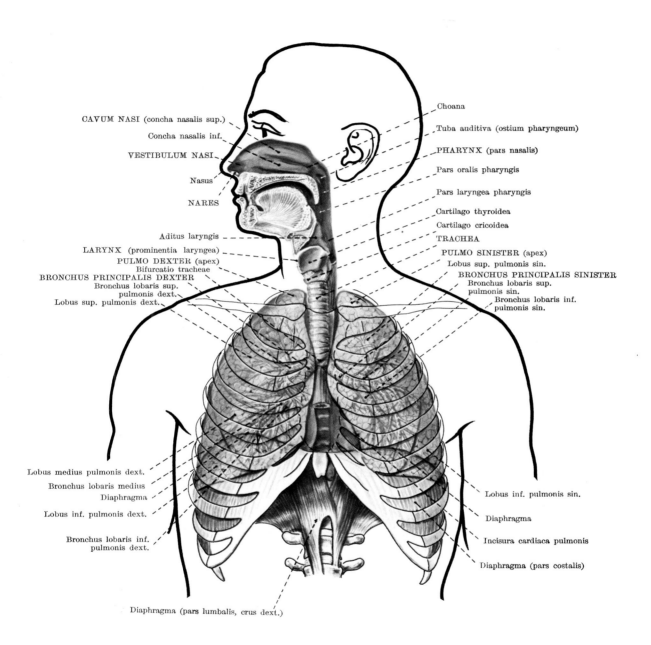

CAVUM NASI (concha nasalis sup.)

Concha nasalis inf.

VESTIBULUM NASI

Nasus

NARES

Aditus laryngis

LARYNX (prominentia laryngea)

PULMO DEXTER (apex)

Bifurcatio tracheae

BRONCHUS PRINCIPALIS DEXTER

Bronchus lobaris sup. pulmonis dext.

Lobus sup. pulmonis dext.

Choana

Tuba auditiva (ostium pharyngeum)

PHARYNX (pars nasalis)

Pars oralis pharyngis

Pars laryngea pharyngis

Cartilago thyroidea

Cartilago cricoidea

TRACHEA

PULMO SINISTER (apex)

Lobus sup. pulmonis sin.

BRONCHUS PRINCIPALIS SINISTER

Bronchus lobaris sup. pulmonis sin.

Bronchus lobaris inf. pulmonis sin.

Lobus medius pulmonis dext.

Bronchus lobaris medius

Diaphragma

Lobus inf. pulmonis dext.

Bronchus lobaris inf. pulmonis dext.

Lobus inf. pulmonis sin.

Diaphragma

Incisura cardiaca pulmonis

Diaphragma (pars costalis)

Diaphragma (pars lumbalis, crus dext.)

Fig. 82. APPARATUS RESPIRATORIUS

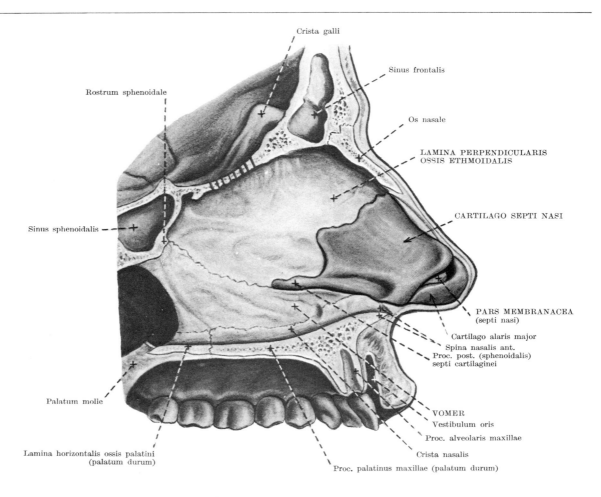

Crista galli

Sinus frontalis

Rostrum sphenoidale

Os nasale

LAMINA PERPENDICULARIS
OSSIS ETHMOIDALIS

CARTILAGO SEPTI NASI

Sinus sphenoidalis

PARS MEMBRANACEA
(septi nasi)

Cartilago alaris major

Spina nasalis ant.
Proc. post. (sphenoidalis)
septi cartilaginei

Palatum molle

VOMER
Vestibulum oris

Proc. alveolaris maxillae

Crista nasalis

Lamina horizontalis ossis palatini
(palatum durum)

Proc. palatinus maxillae (palatum durum)

Fig. 83. SEPTUM NASI
(pars ossea et pars cartilaginea)

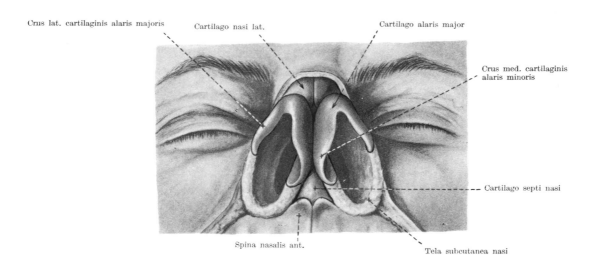

Crus lat. cartilaginis alaris majoris

Cartilago nasi lat.

Cartilago alaris major

Crus med. cartilaginis
alaris minoris

Cartilago septi nasi

Spina nasalis ant.

Tela subcutanea nasi

Fig. 84. CARTILAGINES NASI I.

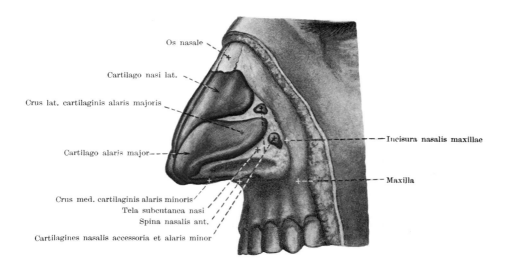

Os nasale

Cartilago nasi lat.

Crus lat. cartilaginis alaris majoris

Cartilago alaris major

Incisura nasalis maxillae

Maxilla

Crus med. cartilaginis alaris minoris
Tela subcutanea nasi
Spina nasalis ant.
Cartilagines nasalis accessoria et alaris minor

Fig. 85. CARTILAGINES NASI II.

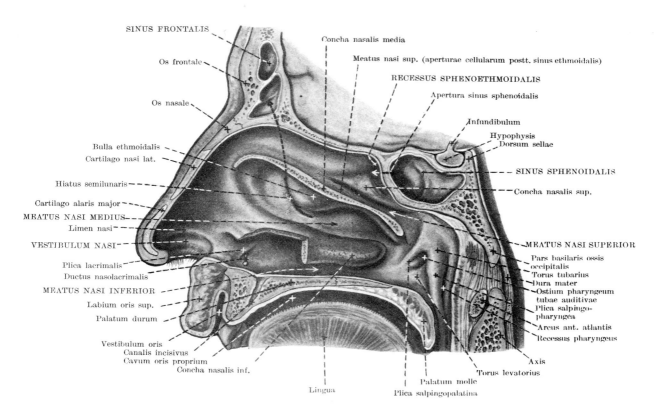

SINUS FRONTALIS

Os frontale

Os nasale

Bulla ethmoidalis
Cartilago nasi lat.

Hiatus semilunaris

Cartilago alaris major
MEATUS NASI MEDIUS
Limen nasi

VESTIBULUM NASI

Plica lacrimalis
Ductus nasolacrimalis

MEATUS NASI INFERIOR
Labium oris sup.
Palatum durum

Vestibulum oris
Canalis incisivus
Cavum oris proprium
Concha nasalis inf.

Lingua

Concha nasalis media

Meatus nasi sup. (aperturae cellularum postt. sinus ethmoidalis)

RECESSUS SPHENOETHMOIDALIS

Apertura sinus sphenoidalis

Infundibulum

Hypophysis
Dorsum sellae

SINUS SPHENOIDALIS

Concha nasalis sup.

MEATUS NASI SUPERIOR
Pars basilaris ossis occipitalis
Torus tubarius
Dura mater
Ostium pharyngeum tubae auditivae
Plica salpingo-pharyngea
Arcus ant. atlantis
Recessus pharyngeus

Axis
Torus levatorius
Palatum molle
Plica salpingopalatina

Fig. 86. CAVUM NASI ET SINUS PARANASALES I.
(paries lateralis cavi nasi, sectio sagittalis paramediana capitis)

SEPTUM NASI (lamina perpendicularis ossis ethmoidalis)

Concha nasalis sup.

MEATUS NASI SUP.

Lamina cribrosa ossis ethmoidalis

SINUS ETHMOIDALIS

Os ethmoidale

CELLULAE ETHMOIDALES

M. obl. sup.

M. rectus med.

M. levator palpebrae sup.

M. rectus sup.

Lamina orbitalis ossis ethmoidalis

SINUS FRONTALIS

M. rectus inf.

N. opticus

Dura mater

Corpus adiposum orbitae

Cutis

Periorbita

M. temporalis

Orbita

M. rectus lat.

Ala major
ossis sphenoidalis

Fascia m. temporalis

Fissura orbitalis inf.

Corpus adiposum buccae

Tunica mucosa
sinus maxillaris

Tendo m. temporalis

Arcus zygomaticus

Proc. coronoideus
mandibulae

Parotis

Fascia masseterica

Ductus parotideus

M. masseter

SINUS MAXILLARIS

Concha nasalis media

M. buccinator

Maxilla

MEATUS NASI INF.

Vestibulum oris

MEATUS NASI MEDIUS

Concha nasalis inf.

Palatum durum

Tunica mucosa cavi nasi

CAVUM NASI (MEATUS NASI COMMUNIS)

Tunica mucosa oris

Palatum

Cavum oris

SEPTUM NASI (vomer)

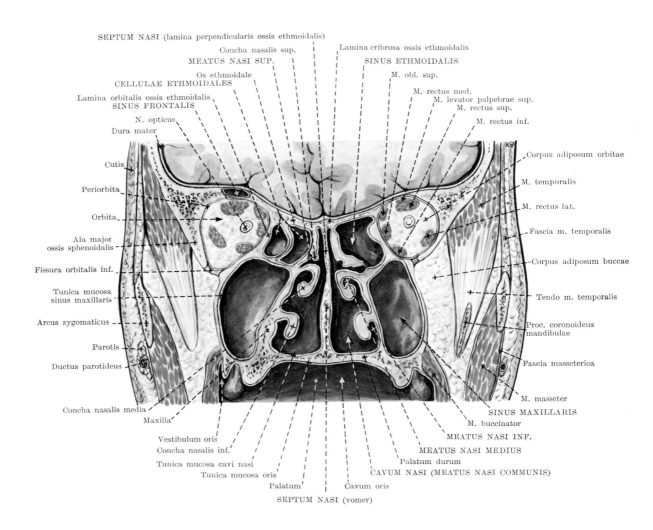

Fig. 87. CAVUM NASI ET SINUS PARANASALES II.

(sectio frontalis capitis)

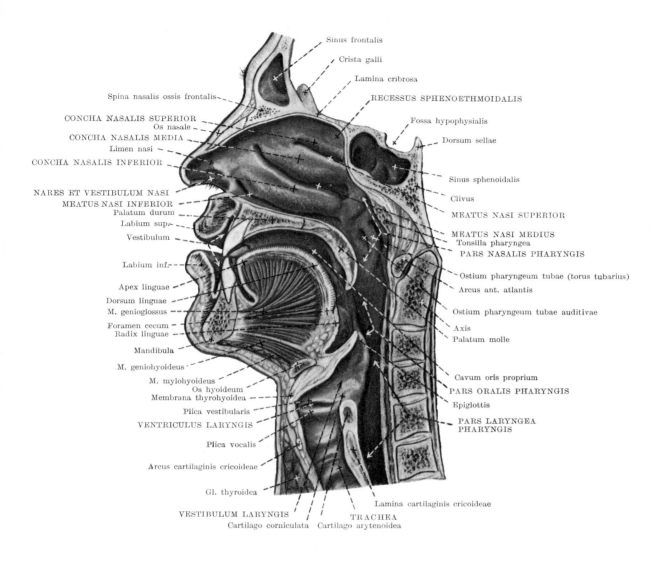

Sinus frontalis

Crista galli

Lamina cribrosa

RECESSUS SPHENOETHMOIDALIS

Spina nasalis ossis frontalis

Fossa hypophysialis

CONCHA NASALIS SUPERIOR
Os nasale
CONCHA NASALIS MEDIA
Limen nasi
CONCHA NASALIS INFERIOR

Dorsum sellae

Sinus sphenoidalis

NARES ET VESTIBULUM NASI
MEATUS NASI INFERIOR
Palatum durum
Labium sup.
Vestibulum

Clivus

MEATUS NASI SUPERIOR

MEATUS NASI MEDIUS
Tonsilla pharyngea
PARS NASALIS PHARYNGIS

Labium inf.

Ostium pharyngeum tubae (torus tubarius)

Arcus ant. atlantis

Apex linguae
Dorsum linguae
M. genioglossus
Foramen cecum
Radix linguae

Ostium pharyngeum tubae auditivae

Axis
Palatum molle

Mandibula

M. geniohyoideus

Cavum oris proprium
PARS ORALIS PHARYNGIS

M. mylohyoideus
Os hyoideum
Membrana thyrohyoidea
Plica vestibularis
VENTRICULUS LARYNGIS

Epiglottis

PARS LARYNGEA
PHARYNGIS

Plica vocalis

Arcus cartilaginis cricoideae

Gl. thyroidea

Lamina cartilaginis cricoideae

VESTIBULUM LARYNGIS
Cartilago corniculata   Cartilago arytenoidea

TRACHEA

Fig. 88. CAVUM NASI, LARYNGIS, PHARYNGIS ET TRACHEAE
(sectio sagittalis paramediana dextra)

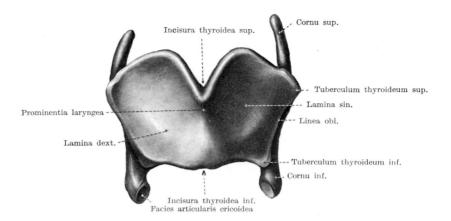

Incisura thyroidea sup.

Cornu sup.

Tuberculum thyroideum sup.

Lamina sin.

Linea obl.

Prominentia laryngea

Lamina dext.

Tuberculum thyroideum inf.

Cornu inf.

Incisura thyroidea inf.
Facies articularis cricoidea

5/4

Fig. 89. CARTILAGO THYROIDEA I.
(aspectus anterior)

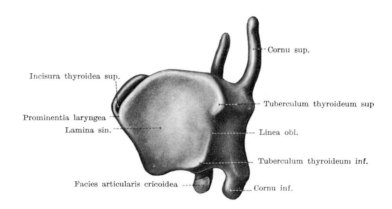

Cornu sup.

Incisura thyroidea sup.

Tuberculum thyroideum sup

Prominentia laryngea
Lamina sin.

Linea obl.

Tuberculum thyroideum inf.

Facies articularis cricoidea

Cornu inf.

Fig. 90. CARTILAGO THYROIDEA II.
(aspectus lateralis)

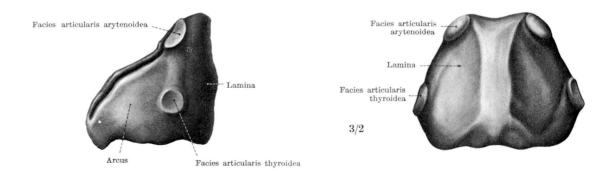

Facies articularis arytenoidea

Lamina

Arcus

Facies articularis thyroidea

Facies articularis arytenoidea

Lamina

Facies articularis thyroidea

3/2

Fig. 91. CARTILAGO CRICOIDEA I.
(aspectus lateralis sinister)

Fig. 92. CARTILAGO CRICOIDEA II.
(aspectus posterior)

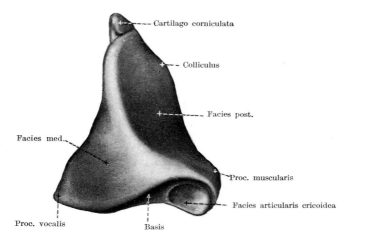

Fig. 93. CARTILAGO ARYTENOIDEA I.
(aspectus postero-medialis, l. dext.)

3/1

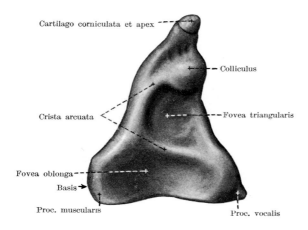

Fig. 94. CARTILAGO ARYTENOIDEA II.
(facies antero-lateralis, l. dext.)

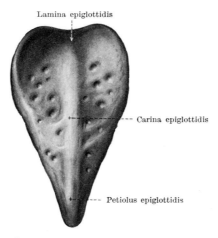

3/2

Fig. 95. CARTILAGO EPIGLOTTICA
(aspectus posterior)

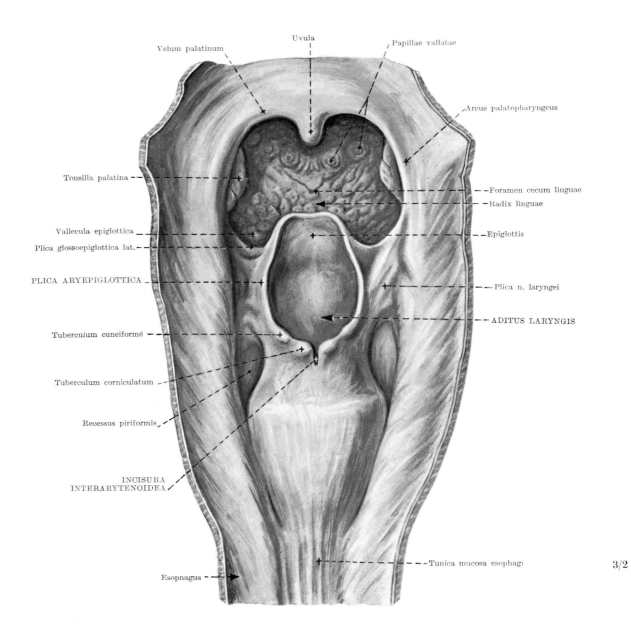

Velum palatinum

Uvula

Papillae vallatae

Arcus palatopharyngeus

Tonsilla palatina

Foramen cecum linguae

Radix linguae

Vallecula epiglottica

Epiglottis

Plica glossoepiglottica lat.

PLICA ARYEPIGLOTTICA

Plica n. laryngei

ADITUS LARYNGIS

Tuberculum cuneiformé

Tuberculum corniculatum

Recessus piriformis

INCISURA
INTERARYTENOIDEA

Tunica mucosa esophagi

Esopnagus

3/2

Fig. 96. ADITUS LARYNGIS

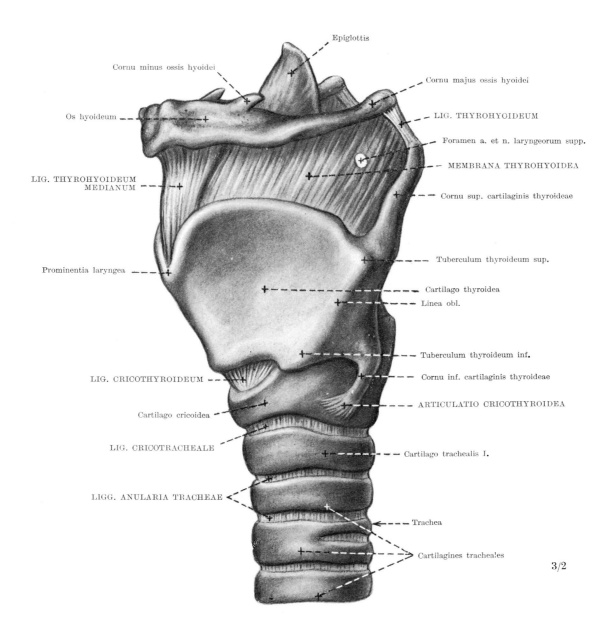

Epiglottis

Cornu minus ossis hyoidei

Cornu majus ossis hyoidei

Os hyoideum

LIG. THYROHYOIDEUM

Foramen a. et n. laryngeorum supp.

MEMBRANA THYROHYOIDEA

LIG. THYROHYOIDEUM MEDIANUM

Cornu sup. cartilaginis thyroideae

Tuberculum thyroideum sup.

Prominentia laryngea

Cartilago thyroidea

Linea obl.

Tuberculum thyroideum inf.

LIG. CRICOTHYROIDEUM

Cornu inf. cartilaginis thyroideae

ARTICULATIO CRICOTHYROIDEA

Cartilago cricoidea

LIG. CRICOTRACHEALE

Cartilago trachealis I.

LIGG. ANULARIA TRACHEAE

Trachea

Cartilagines tracheales

3/2

Fig. 97. LIGAMENTA ET ARTICULATIONES LARYNGIS I.

(aspectus sinister)

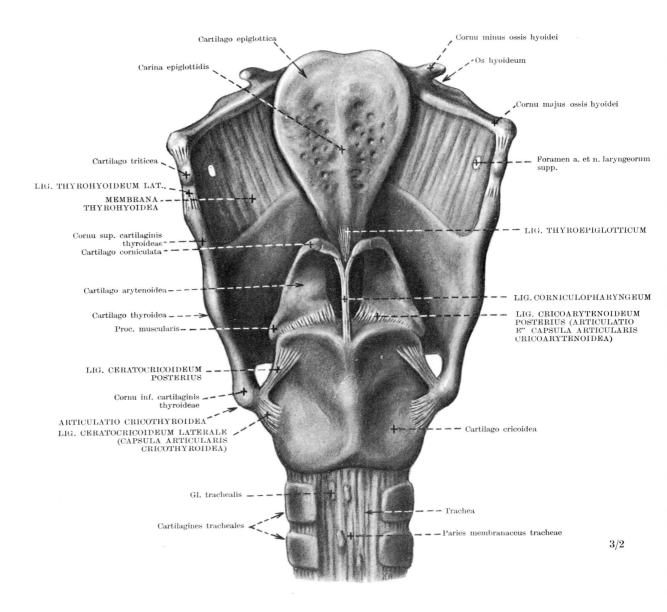

Cartilago epiglottica

Carina epiglottidis

Cornu minus ossis hyoidei

Os hyoideum

Cornu majus ossis hyoidei

Foramen a. et n. laryngeorum supp.

Cartilago triticea

LIG. THYROHYOIDEUM LAT.

MEMBRANA THYROHYOIDEA

Cornu sup. cartilaginis thyroideae

Cartilago corniculata

LIG. THYROEPIGLOTTICUM

Cartilago arytenoidea

Cartilago thyroidea

Proc. muscularis

LIG. CORNICULOPHARYNGEUM

LIG. CRICOARYTENOIDEUM POSTERIUS (ARTICULATIO E" CAPSULA ARTICULARIS CRICOARYTENOIDEA)

LIG. CERATOCRICOIDEUM POSTERIUS

Cornu inf. cartilaginis thyroideae

ARTICULATIO CRICOTHYROIDEA
LIG. CERATOCRICOIDEUM LATERALE (CAPSULA ARTICULARIS CRICOTHYROIDEA)

Cartilago cricoidea

Gl. trachealis

Cartilagines tracheales

Trachea

Paries membranaceus tracheae

3/2

Fig. 98. LIGAMENTA ET ARTICULATIONES LARYNGIS II.
(aspectus posterior)

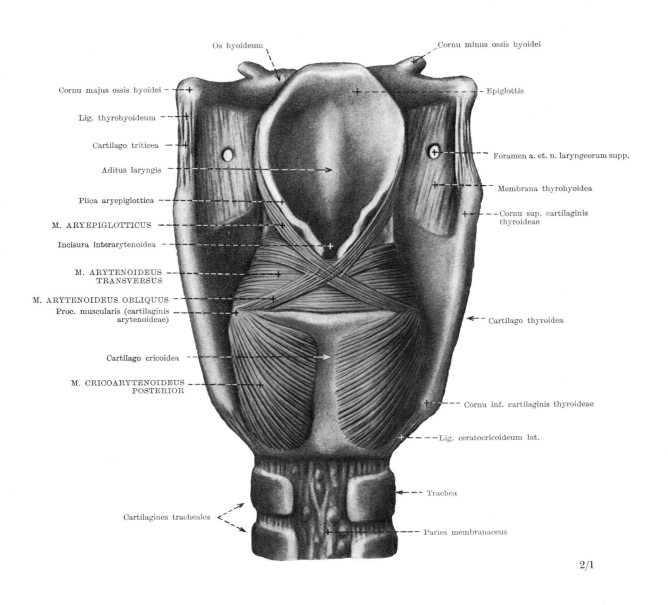

Os hyoideum

Cornu minus ossis hyoidei

Cornu majus ossis hyoidei

Lig. thyrohyoideum

Cartilago triticea

Aditus laryngis

Plica aryepiglottica

M. ARYEPIGLOTTICUS

Incisura interarytenoidea

M. ARYTENOIDEUS
TRANSVERSUS

M. ARYTENOIDEUS OBLIQUUS

Proc. muscularis (cartilaginis
arytenoideae)

Cartilago cricoidea

M. CRICOARYTENOIDEUS
POSTERIOR

Cartilagines tracheales

Epiglottis

Foramen a. et. n. laryngeorum supp.

Membrana thyrohyoidea

Cornu sup. cartilaginis
thyroideae

Cartilago thyroidea

Cornu inf. cartilaginis thyroideae

Lig. ceratocricoideum lat.

Trachea

Paries membranaceus

2/1

Fig. 101. MUSCULI LARYNGIS II.
(aspectus posterior)

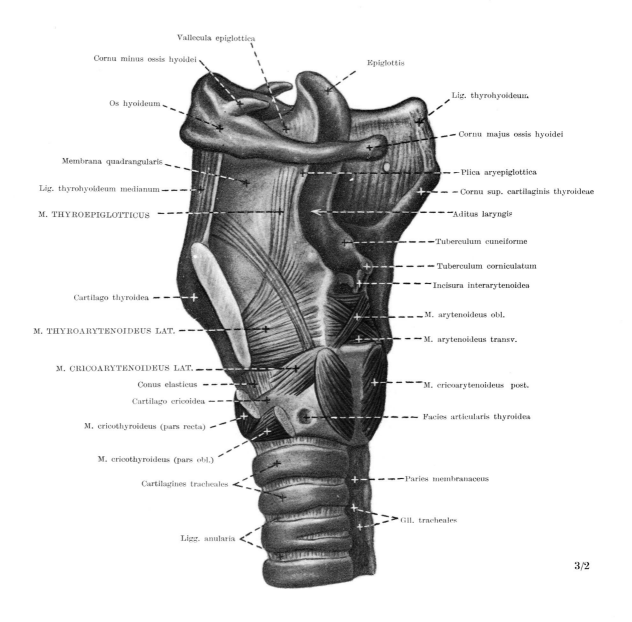

Vallecula epiglottica

Cornu minus ossis hyoidei

Epiglottis

Os hyoideum

Lig. thyrohyoideum

Cornu majus ossis hyoidei

Membrana quadrangularis

Plica aryepiglottica

Lig. thyrohyoideum medianum

Cornu sup. cartilaginis thyroideae

M. THYROEPIGLOTTICUS

Aditus laryngis

Tuberculum cuneiforme

Tuberculum corniculatum

Incisura interarytenoidea

Cartilago thyroidea

M. arytenoideus obl.

M. THYROARYTENOIDEUS LAT.

M. arytenoideus transv.

M. CRICOARYTENOIDEUS LAT.

Conus elasticus

M. cricoarytenoideus post.

Cartilago cricoidea

Facies articularis thyroidea

M. cricothyroideus (pars recta)

M. cricothyroideus (pars obl.)

Paries membranaceus

Cartilagines tracheales

Gll. tracheales

Ligg. anularia

3/2

Fig. 102. MUSCULI LARYNGIS III.
(aspectus postero-lateralis)

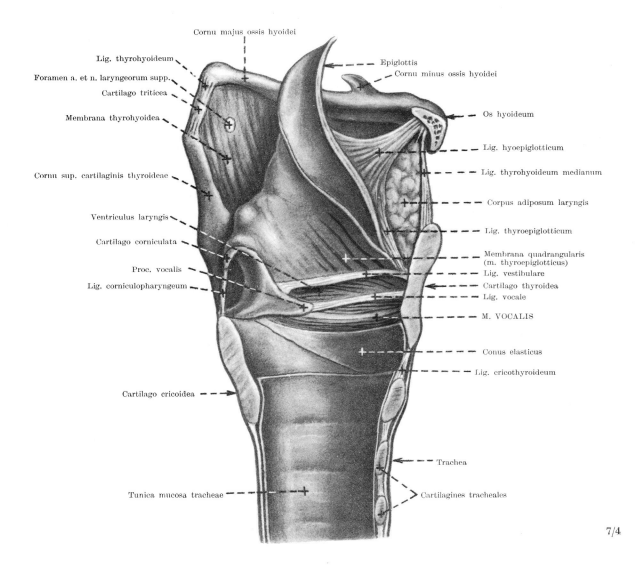

Cornu majus ossis hyoidei

Lig. thyrohyoideum

Foramen a. et n. laryngeorum supp.

Cartilago triticea

Membrana thyrohyoidea

Cornu sup. cartilaginis thyroideae

Ventriculus laryngis

Cartilago corniculata

Proc. vocalis

Lig. corniculopharyngeum

Cartilago cricoidea

Tunica mucosa tracheae

Epiglottis

Cornu minus ossis hyoidei

Os hyoideum

Lig. hyoepiglotticum

Lig. thyrohyoideum medianum

Corpus adiposum laryngis

Lig. thyroepiglotticum

Membrana quadrangularis
(m. thyroepiglotticus)

Lig. vestibulare

Cartilago thyroidea

Lig. vocale

M. VOCALIS

Conus elasticus

Lig. cricothyroideum

Trachea

Cartilagines tracheales

7/4

Fig. 103. MUSCULI LARYNGIS IV.
(musculus vocalis, sectio sagittalis laryngis)

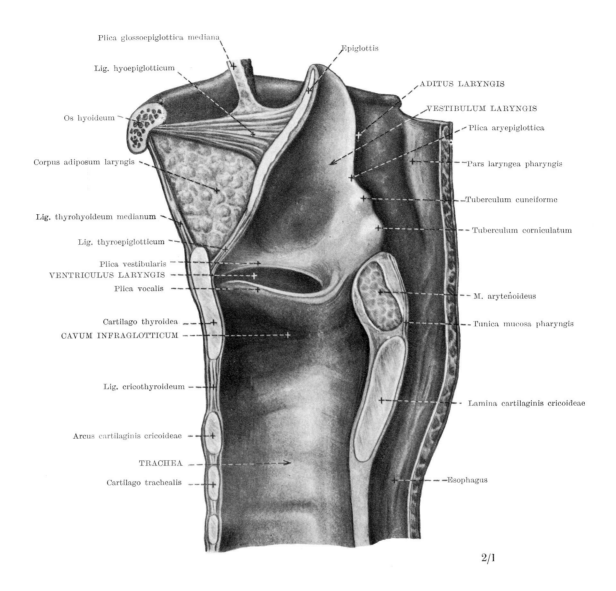

Plica glossoepiglottica mediana

Lig. hyoepiglotticum

Os hyoideum

Corpus adiposum laryngis

Lig. thyrohyoideum medianum

Lig. thyroepiglotticum

Plica vestibularis
VENTRICULUS LARYNGIS
Plica vocalis

Cartilago thyroidea
CAVUM INFRAGLOTTICUM

Lig. cricothyroideum

Arcus cartilaginis cricoideae

TRACHEA
Cartilago trachealis

Epiglottis

ADITUS LARYNGIS
VESTIBULUM LARYNGIS
Plica aryepiglottica

Pars laryngea pharyngis

Tuberculum cuneiforme

Tuberculum corniculatum

M. arytenoideus

Tunica mucosa pharyngis

Lamina cartilaginis cricoideae

Esophagus

2/1

Fig. 104. CAVUM LARYNGIS I.
(sectio sagittalis)

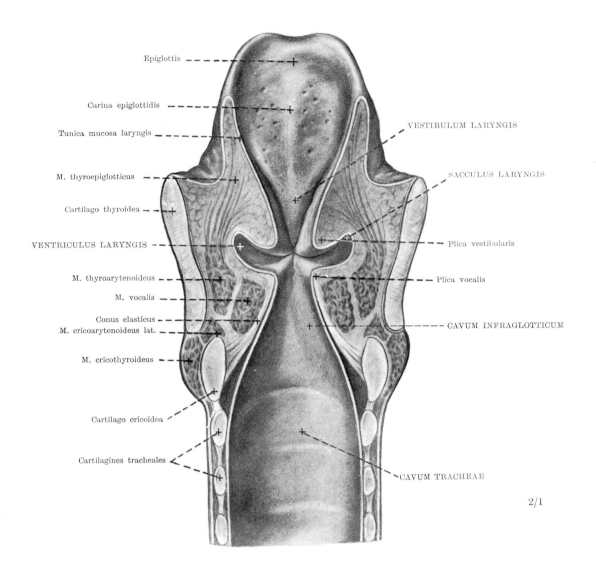

Epiglottis

Carina epiglottidis

Tunica mucosa laryngis

VESTIBULUM LARYNGIS

M. thyroepiglotticus

SACCULUS LARYNGIS

Cartilago thyroidea

VENTRICULUS LARYNGIS

Plica vestibularis

M. thyroarytenoideus

Plica vocalis

M. vocalis

Conus elasticus

M. cricoarytenoideus lat.

CAVUM INFRAGLOTTICUM

M. cricothyroideus

Cartilago cricoidea

Cartilagines tracheales

CAVUM TRACHEAE

2/1

Fig. 105. CAVUM LARYNGIS II.
(sectio frontalis, aspectus posterior)

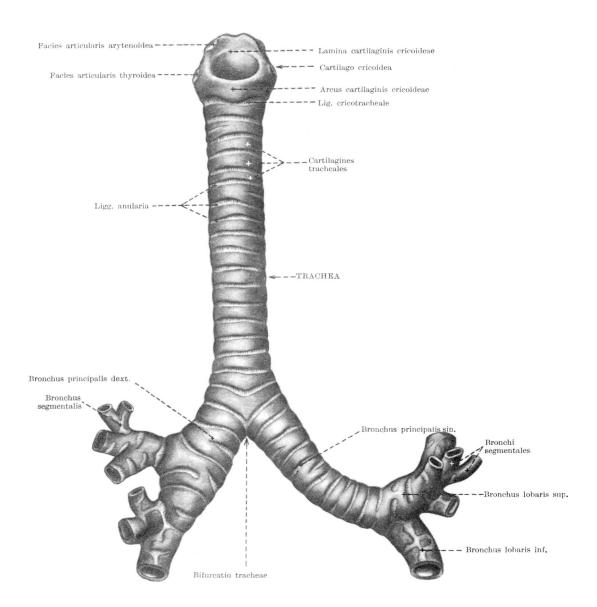

Facies articularis arytenoidea

Facies articularis thyroidea

Ligg. anularia

Bronchus principalis dext.

Bronchus segmentalis

Lamina cartilaginis cricoideae

Cartilago cricoidea

Arcus cartilaginis cricoideae

Lig. cricotracheale

Cartilagines tracheales

TRACHEA

Bronchus principalis sin.

Bronchi segmentales

Bronchus lobaris sup.

Bronchus lobaris inf.

Bifurcatio tracheae

1/2

Fig. 106. TRACHEA I.
(aspectus anterior)

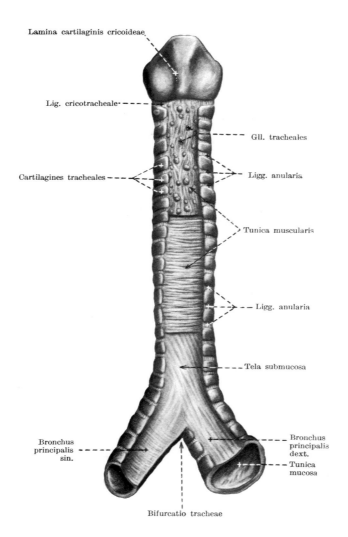

Lamina cartilaginis cricoideae

Lig. cricotracheale

Gll. tracheales

Cartilagines tracheales

Ligg. anularia

Tunica muscularis

Ligg. anularia

Tela submucosa

Bronchus
principalis
sin.

Bronchus
principalis
dext.

Tunica
mucosa

Bifurcatio tracheae

Fig. 107. TRACHEA II.

(paries membranaceus, aspectus posterior)

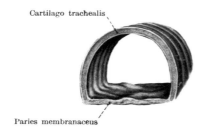

Cartilago trachealis

Paries membranaceus

Fig. 108. TRACHEA III.

(sectio transversa)

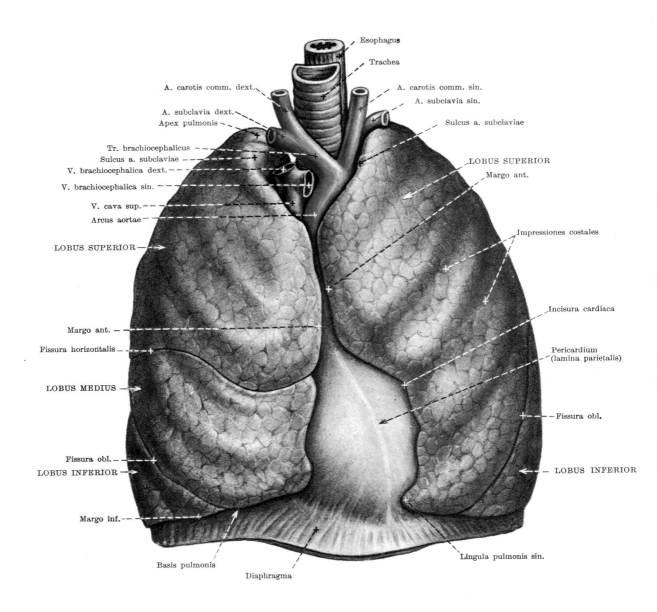

Esophagus

Trachea

A. carotis comm. dext.

A. carotis comm. sin.

A. subclavia sin.

A. subclavia dext.

Apex pulmonis

Sulcus a. subclaviae

Tr. brachiocephalicus

Sulcus a. subclaviae

LOBUS SUPERIOR

V. brachiocephalica dext.

Margo ant.

V. brachiocephalica sin.

V. cava sup.

Arcus aortae

LOBUS SUPERIOR

Impressiones costales

Incisura cardiaca

Margo ant.

Fissura horizontalis

Pericardium
(lamina parietalis)

LOBUS MEDIUS

Fissura obl.

Fissura obl.

LOBUS INFERIOR

LOBUS INFERIOR

Margo inf.

Basis pulmonis

Lingula pulmonis sin.

Diaphragma

Fig. 109. PULMONES ET MEDIASTINUM I.

(aspectus anterior)

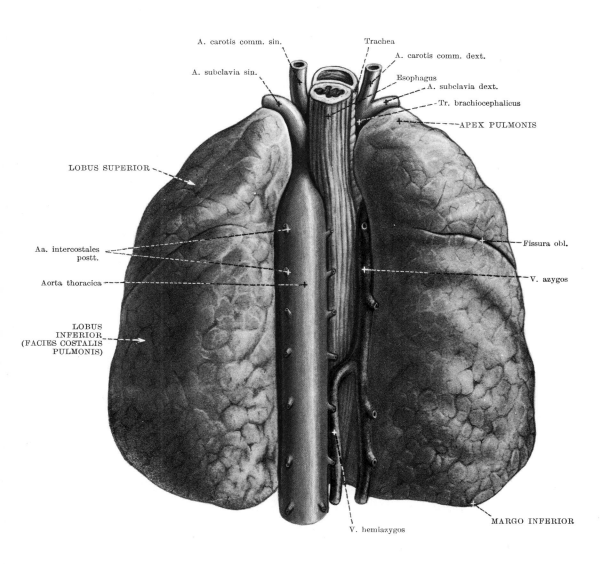

A. carotis comm. sin.

Trachea

A. carotis comm. dext.

A. subclavia sin.

Esophagus

A. subclavia dext.

Tr. brachiocephalicus

APEX PULMONIS

LOBUS SUPERIOR

Aa. intercostales postt.

Fissura obl.

Aorta thoracica

V. azygos

LOBUS INFERIOR (FACIES COSTALIS PULMONIS)

MARGO INFERIOR

V. hemiazygos

Fig. 110. PULMONES ET MEDIASTINUM II.

(aspectus posterior)

7*

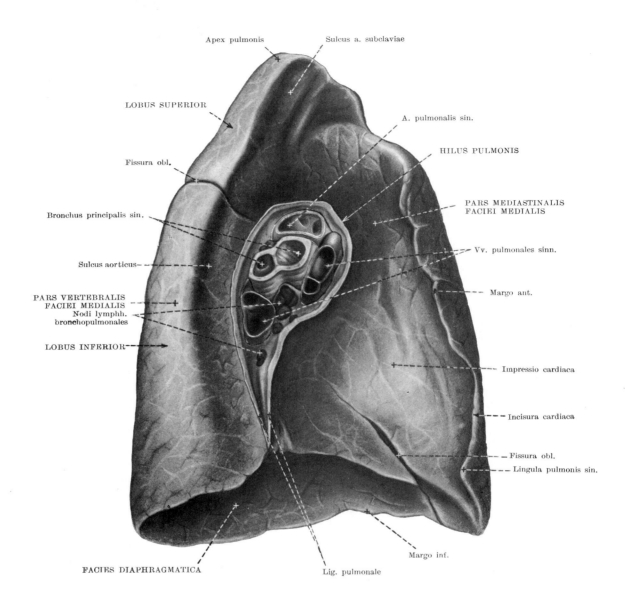

Apex pulmonis   Sulcus a. subclaviae

LOBUS SUPERIOR

A. pulmonalis sin.

HILUS PULMONIS

Fissura obl.

PARS MEDIASTINALIS
FACIEI MEDIALIS

Bronchus principalis sin.

Vv. pulmonales sinn.

Sulcus aorticus

Margo ant.

PARS VERTEBRALIS
FACIEI MEDIALIS
Nodi lymphh.
bronchopulmonales

LOBUS INFERIOR

Impressio cardiaca

Incisura cardiaca

Fissura obl.

Lingula pulmonis sin.

Margo inf.

FACIES DIAPHRAGMATICA   Lig. pulmonale

Fig. 111. PULMO SINISTER
(facies medialis)

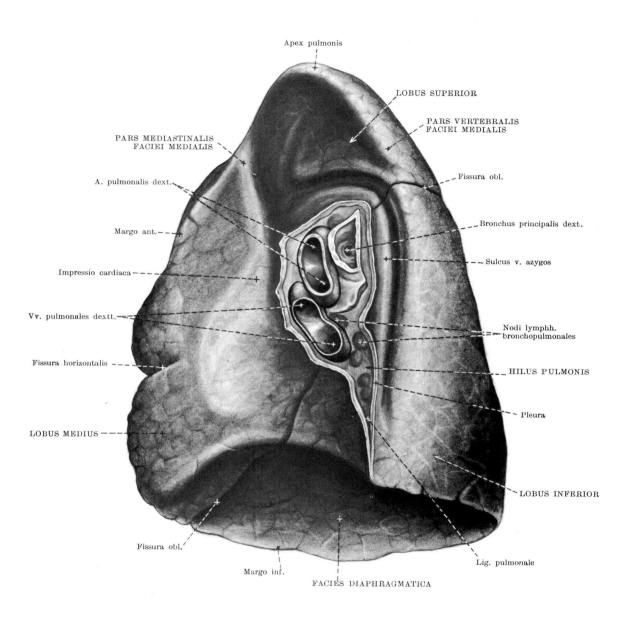

Apex pulmonis

LOBUS SUPERIOR

PARS VERTEBRALIS
FACIEI MEDIALIS

PARS MEDIASTINALIS
FACIEI MEDIALIS

Fissura obl.

A. pulmonalis dext.

Bronchus principalis dext.

Margo ant.

Sulcus v. azygos

Impressio cardiaca

Vv. pulmonales dextt.

Nodi lymphh.
bronchopulmonales

Fissura horizontalis

HILUS PULMONIS

Pleura

LOBUS MEDIUS

LOBUS INFERIOR

Fissura obl.

Lig. pulmonale

Margo inf.

FACIES DIAPHRAGMATICA

Fig. 112. PULMO DEXTER
(facies medialis)

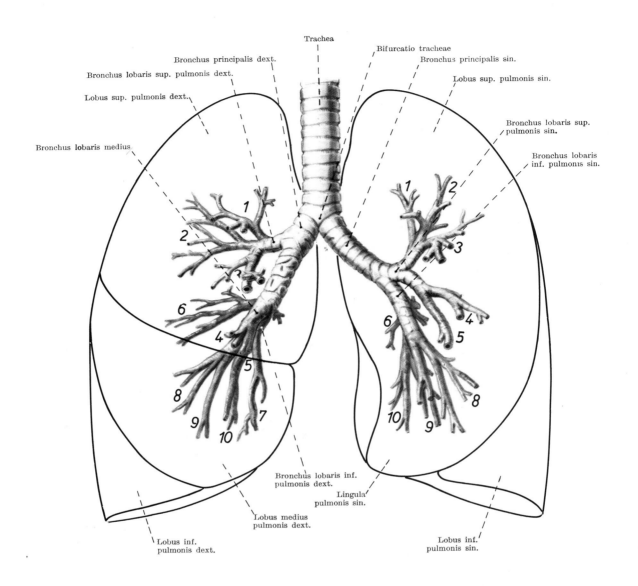

Pulmo dexter

Bronchus lobaris superior
1. Bronchus segmentalis apicalis
2. Bronchus segmentalis posterior

3. Bronchus segmentalis anterior
Bronchus lobaris medius
4. Bronchus segmentalis lateralis
5. Bronchus segmentalis medialis
Bronchus lobaris inferior
6. Bronchus segmentalis apicalis (superior)
7. Bronchus segmentalis basalis medialis
8. Bronchus segmentalis basalis anterior
9. Bronchus segmentalis basalis lateralis
10. Bronchus segmentalis basalis posterior

Pulmo sinister

Bronchus lobaris superior
1. Bronchus segmentalis apicalis
2. Bronchus segmentalis posterior
   (1 + 2 bronchus segmentalis apicoposterior)
3. Bronchus segmentalis anterior

4. Bronchus lingularis superior
5. Bronchus lingularis inferior
Bronchus lobaris inferior
6. Bronchus segmentalis apicalis (superior)

8. Bronchus segmentalis basalis anterior
9. Bronchus segmentalis basalis lateralis
10. Bronchus segmentalis basalis posterior

Fig. 113. TRACHEA, BRONCHI PRINCIPALES ET SEGMENTALES

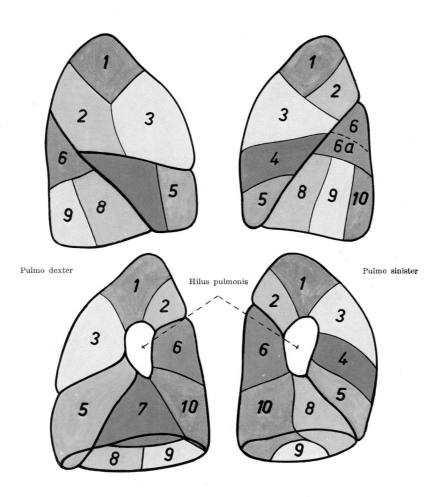

Pulmo dexter

Hilus pulmonis

Pulmo **sinister**

Pulmo dexter

Lobus superior
1. Segmentum apicale
2. Segmentum posterius

3. Segmentum anterius
Lobus medius
4. Segmentum laterale
5. Segmentum mediale
Lobus inferior
6. Segmentum apicale (superius)
7. Segmentum basale mediale (cardiacum)
8. Segmentum basale anterius
9. Segmentum basale laterale
10. Segmentum basale posterius

Pulmo sinister

Lobus superior
1. Segmentum apicale
2. Segmentum posterius
   (1 + 2 segmentum apicoposterius)
3. Segmentum anterius
(Lingula pulmonis sinistri)
4. Segmentum lingulare superius
5. Segmentum lingulare inferius
Lobus inferior
6. Segmentum apicale (superius)
6/a. Segmentum subapicale (subsuperius)
8. Segmentum basale anterius
9. Segmentum basale laterale
10. Segmentum basale posterius

Fig. 114. SEGMENTA BRONCHOPULMONALIA

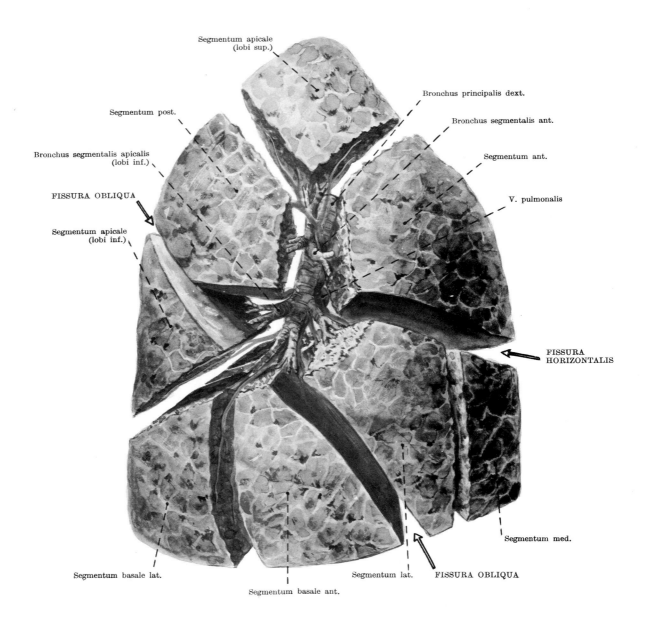

Segmentum apicale
(lobi sup.)

Bronchus principalis dext.

Bronchus segmentalis ant.

Segmentum post.

Segmentum ant.

Bronchus segmentalis apicalis
(lobi inf.)

V. pulmonalis

FISSURA OBLIQUA

Segmentum apicale
(lobi inf.)

FISSURA
HORIZONTALIS

Segmentum med.

Segmentum basale lat.

Segmentum lat.

FISSURA OBLIQUA

Segmentum basale ant.

Fig. 115. SEGMENTA BRONCHOPULMONALIA ET BRONCHI SEGMENTALES I.
(pulmo dexter, facies costalis)

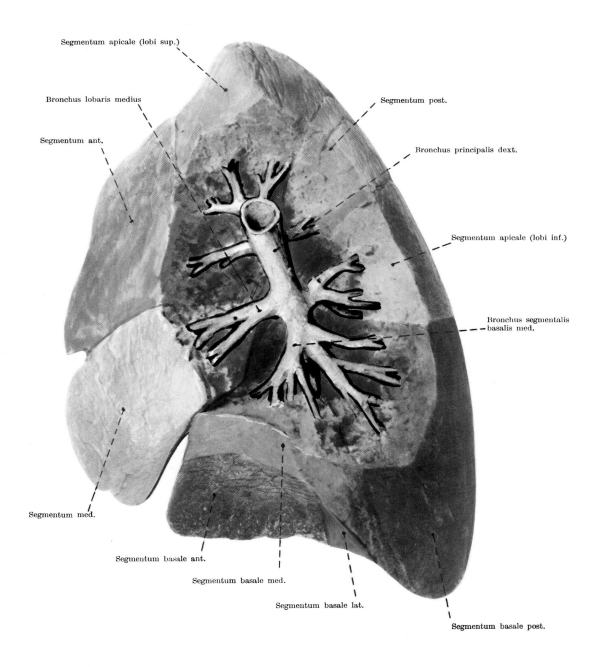

Segmentum apicale (lobi sup.)

Bronchus lobaris medius

Segmentum ant.

Segmentum post.

Bronchus principalis dext.

Segmentum apicale (lobi inf.)

Bronchus segmentalis
basalis med.

Segmentum med.

Segmentum basale ant.

Segmentum basale med.

Segmentum basale lat.

Segmentum basale post.

Fig. 116. SEGMENTA BRONCHOPULMONALIA ET BRONCHI SEGMENTALES II.
(pulmo dexter, facies medialis, preparatum fecit I. Katona)

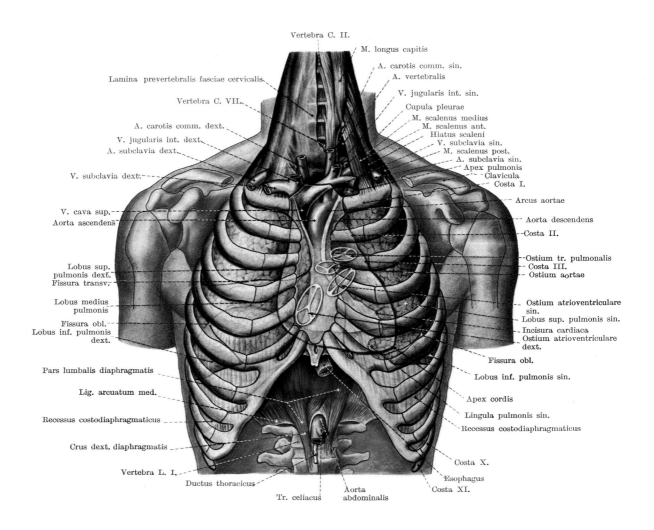

Fig. 117. SITUS VISCERUM THORACIS I.

(projectio anterior)

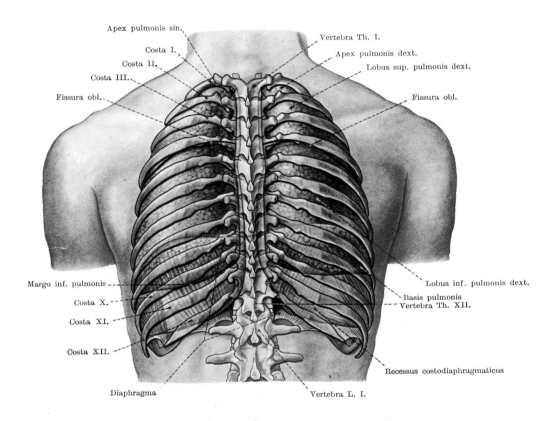

Fig. 118. SITUS VISCERUM THORACIS II.
(projectio dorsalis)

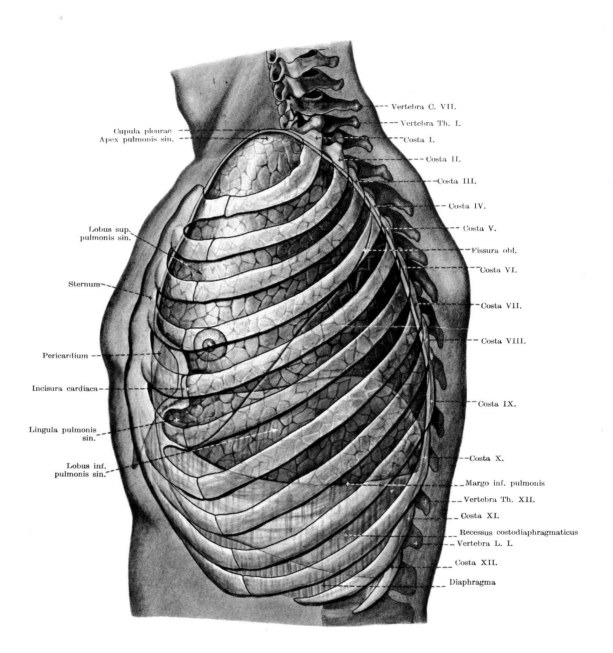

Cupula pleurae
Apex pulmonis sin.

Lobus sup.
pulmonis sin.

Sternum

Pericardium

Incisura cardiaca

Lingula pulmonis
sin.

Lobus inf.
pulmonis sin.

Vertebra C. VII.

Vertebra Th. I.

Costa I.

Costa II.

Costa III.

Costa IV.

Costa V.

Fissura obl.

Costa VI.

Costa VII.

Costa VIII.

Costa IX.

Costa X.

Margo inf. pulmonis

Vertebra Th. XII.

Costa XI.

Recessus costodiaphragmaticus

Vertebra L. I.

Costa XII.

Diaphragma

Fig. 119. SITUS VISCERUM THORACIS III.
(projectio lateralis sin.)

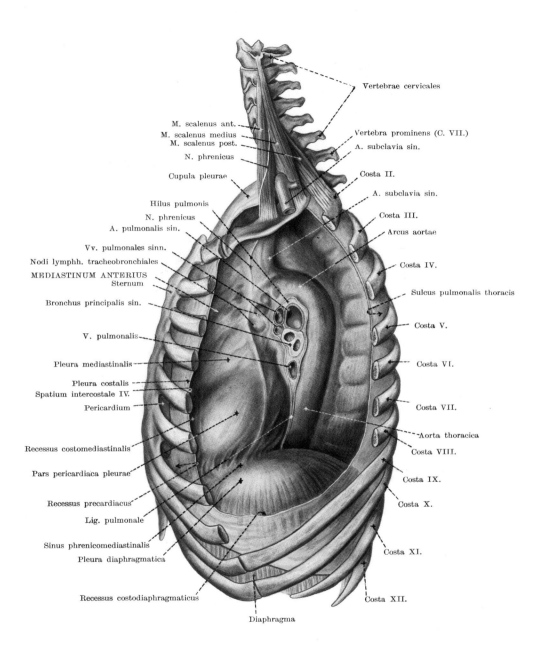

Vertebrae cervicales

M. scalenus ant.
M. scalenus medius
M. scalenus post.
N. phrenicus

Cupula pleurae

Hilus pulmonis
N. phrenicus
A. pulmonalis sin.

Vv. pulmonales sinn.
Nodi lymphh. tracheobronchiales
MEDIASTINUM ANTERIUS
Sternum

Bronchus principalis sin.

V. pulmonalis

Pleura mediastinalis

Pleura costalis
Spatium intercostale IV.

Pericardium

Recessus costomediastinalis

Pars pericardiaca pleurae

Recessus precardiacus

Lig. pulmonale

Sinus phrenicomediastinalis
Pleura diaphragmatica

Recessus costodiaphragmaticus

Diaphragma

Vertebra prominens (C. VII.)
A. subclavia sin.

Costa II.

A. subclavia sin.

Costa III.

Arcus aortae

Costa IV.

Sulcus pulmonalis thoracis

Costa V.

Costa VI.

Costa VII.

Aorta thoracica
Costa VIII.

Costa IX.

Costa X.

Costa XI.

Costa XII.

Fig. 120. CAVUM PLEURAE ET MEDIASTINUM
(aspectus lateralis, l. sin.)

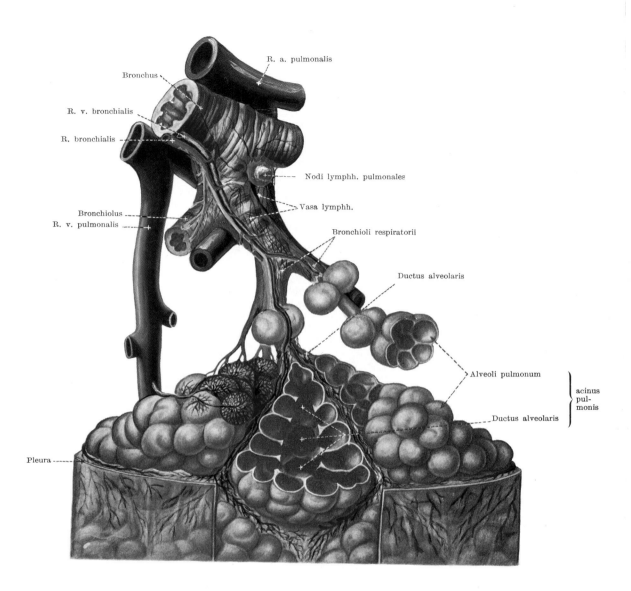

Fig. 121. STRUCTURA PULMONIS
(lobulus et alveoli pulmonis)

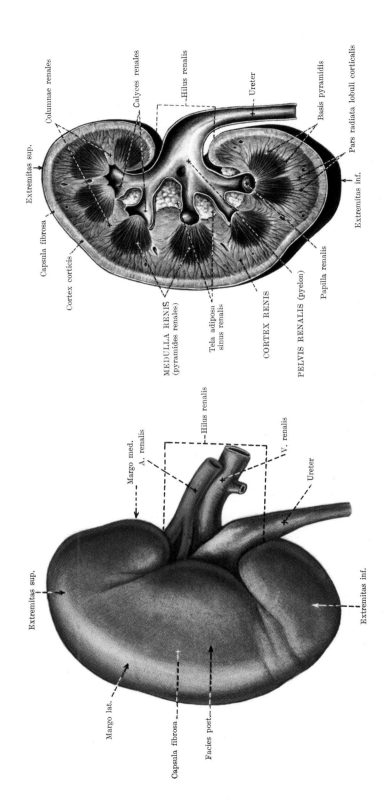

Fig. 126. STRUCTURA RENIS I.
(sectio plana)

Fig. 125. REN SINISTER II.
(aspectus posterior)

8*

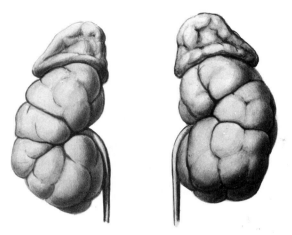

Fig. 127. REN ET GLANDULA SUPRARENALIS
(ren lobatus embryonalis, ren dexter et sinister, aspectus anterior)

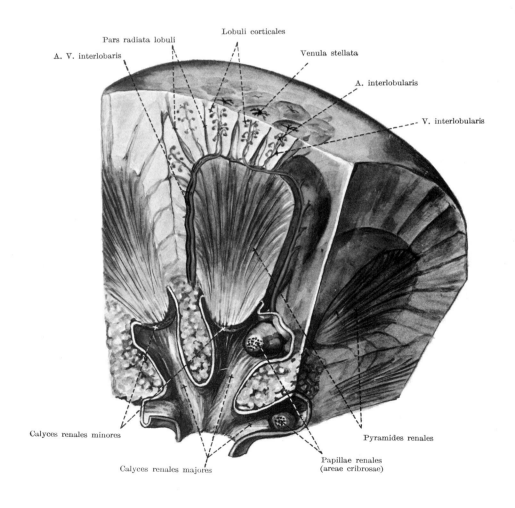

Fig. 128. STRUCTURA RENIS II.
(lobi renales)

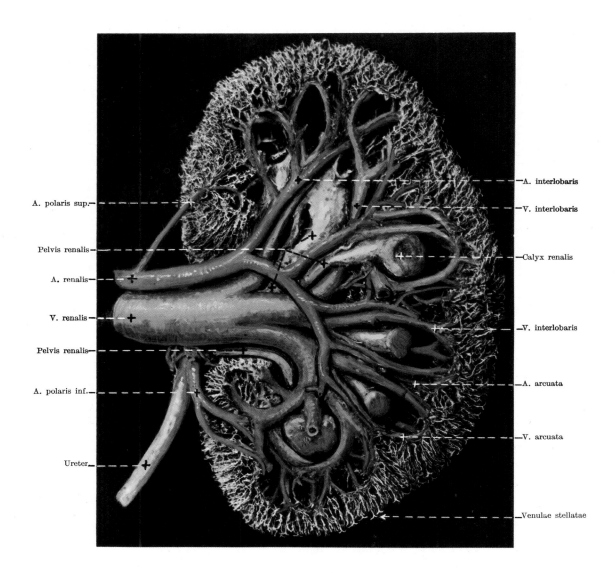

A. polaris sup.—

Pelvis renalis—

A. renalis—

V. renalis—

Pelvis renalis—

A. polaris inf.—

Ureter—

—A. interlobaris

—V. interlobaris

—Calyx renalis

—V. interlobaris

—A. arcuata

—V. arcuata

—Venulae stellatae

Fig. 129. VASA ET PELVIS RENALES

(ren sinister, aspectus anterior, arteriae, venae et pelvis renalis injectae, preparatum fecit F. Kádár)

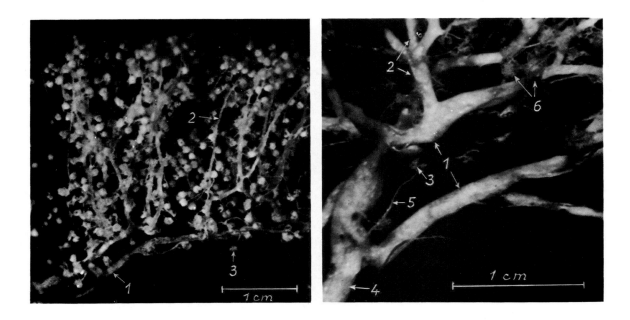

1. A. arcuata
2. A. interlobularis et glomeruli
3. Glomerulus juxtamedullaris

4. A. interlobaris
5. Vas afferens
6. Glomerulus corticalis

Fig. 130. ANGIOARCHITECTURA RENIS I.
(arteriae et glomerula, preparata corrosa fecerunt I. Munkácsi et B. Zolnai)

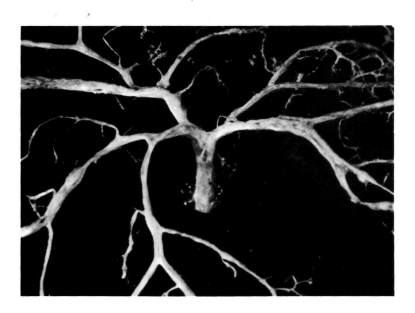

Fig. 131. ANGIOARCHITECTURA RENIS II.
(venula stellata, preparatum corrosum fecit I. Munkácsi)

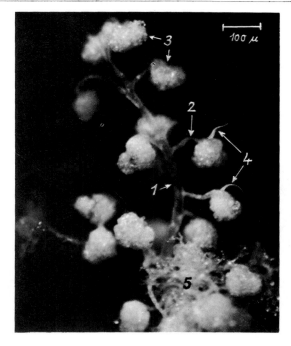

| 1. A. interlobularis | 3. Glomerulus | 5. Reticulum capillare |
| 2. Vas afferens | 4. Vas efferens | |

Fig. 132. ANGIOARCHITECTURA RENIS III.
(arteria interlobularis, vasa afferentia, glomeruli et vasa efferentia, preparatum corrosum fecit I. Munkácsi)

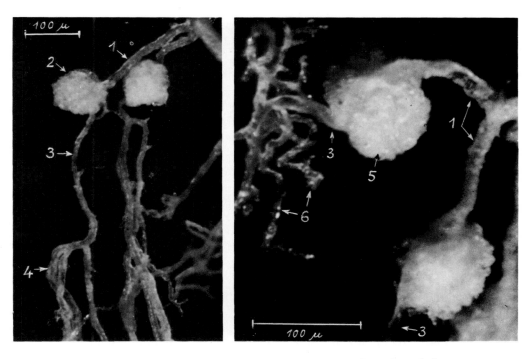

| 1. Vas afferens | 3. Vas efferens | 5. Glomerulus corticalis |
| 2. Glomerulus juxtamedullaris | 4. Arteriolae rectae spuriae | 6. Vasa capillaria corticalia |

Fig. 133. ANGIOARCHITECTURA RENIS IV.
(glomerulus juxtamedullaris et glomerulus corticalis, preparata corrosa fecit I. Munkácsi)

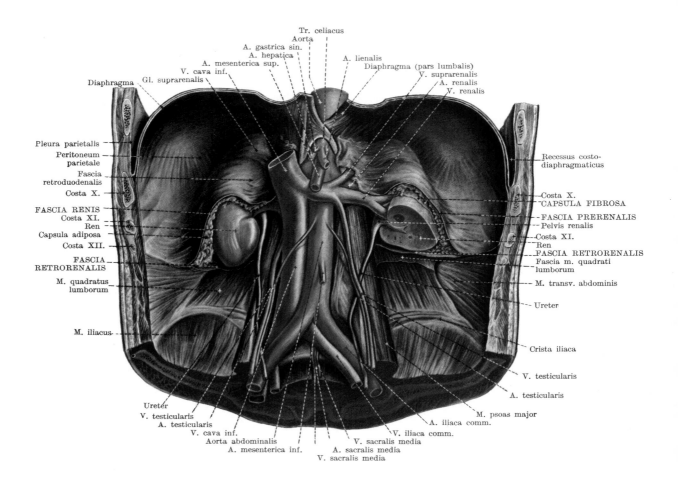

Tr. celiacus
Aorta
A. gastrica sin.
A. hepatica
A. mesenterica sup.
A. lienalis
V. cava inf.
Diaphragma (pars lumbalis)
Diaphragma
Gl. suprarenalis
V. suprarenalis
A. renalis
V. renalis

Pleura parietalis
Peritoneum parietale
Fascia retroduodenalis
Costa X.
FASCIA RENIS
Costa XI.
Ren
Capsula adiposa
Costa XII.
FASCIA RETRORENALIS
M. quadratus lumborum
M. iliacus

Recessus costo-diaphragmaticus
Costa X.
CAPSULA FIBROSA
FASCIA PRERENALIS
Pelvis renalis
Costa XI.
Ren
FASCIA RETRORENALIS
Fascia m. quadrati lumborum
M. transv. abdominis
Ureter
Crista iliaca
V. testicularis
A. testicularis
M. psoas major

Ureter
V. testicularis
A. testicularis
V. cava inf.
Aorta abdominalis
A. mesenterica inf.
V. sacralis media
A. sacralis media
V. iliaca comm.
V. sacralis media
A. iliaca comm.

Fig. 134. CAPSULAE RENIS

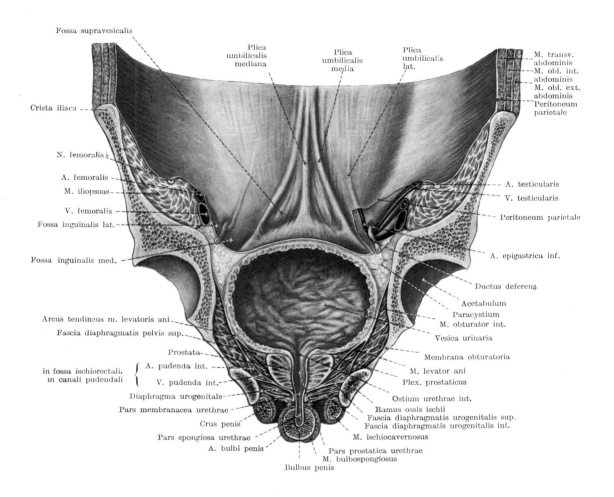

Fossa supravesicalis

Plica umbilicalis mediana

Plica umbilicalis media

Plica umbilicalis lat.

M. transv. abdominis
M. obl. int. abdominis
M. obl. ext. abdominis
Peritoneum parietale

Crista iliaca

N. femoralis

A. femoralis

M. iliopsoas

V. femoralis

Fossa inguinalis lat.

Fossa inguinalis med.

A. testicularis

V. testicularis

Peritoneum parietale

A. epigastrica inf.

Ductus deferens

Acetabulum
Paracystium
M. obturator int.

Vesica urinaria

Arcus tendineus m. levatoris ani

Fascia diaphragmatis pelvis sup.

Prostata

in fossa ischiorectali,
in canali pudendali

A. pudenda int.

V. pudenda int.

Diaphragma urogenitale

Pars membranacea urethrae

Crus penis

Pars spongiosa urethrae

A. bulbi penis

Bulbus penis

Membrana obturatoria

M. levator ani
Plex. prostaticus

Ostium urethrae int.

Ramus ossis ischii
Fascia diaphragmatis urogenitalis sup.
Fascia diaphragmatis urogenitalis inf.

M. ischiocavernosus

Pars prostatica urethrae
M. bulbospongiosus

Fig. 135. VESICA URINARIA MASCULINA I.
(sectio frontalis pelvis, aspectus posterior)

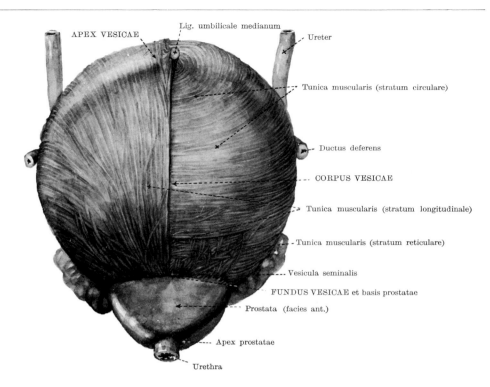

APEX VESICAE

Lig. umbilicale medianum

Ureter

Tunica muscularis (stratum circulare)

Ductus deferens

CORPUS VESICAE

Tunica muscularis (stratum longitudinale)

Tunica muscularis (stratum reticulare)

Vesicula seminalis

FUNDUS VESICAE et basis prostatae

Prostata (facies ant.)

Apex prostatae

Urethra

Fig. 136. VESICA URINARIA MASCULINA II.
(aspectus anterior)

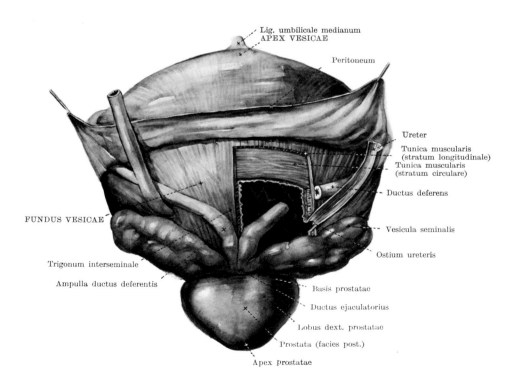

Lig. umbilicale medianum
APEX VESICAE

Peritoneum

Ureter

Tunica muscularis
(stratum longitudinale)
Tunica muscularis
(stratum circulare)

Ductus deferens

Vesicula seminalis

Ostium ureteris

FUNDUS VESICAE

Trigonum interseminale

Ampulla ductus deferentis

Basis prostatae

Ductus ejaculatorius

Lobus dext. prostatae

Prostata (facies post.)

Apex prostatae

Fig. 137. VESICA URINARIA MASCULINA III.
(aspectus posterior)

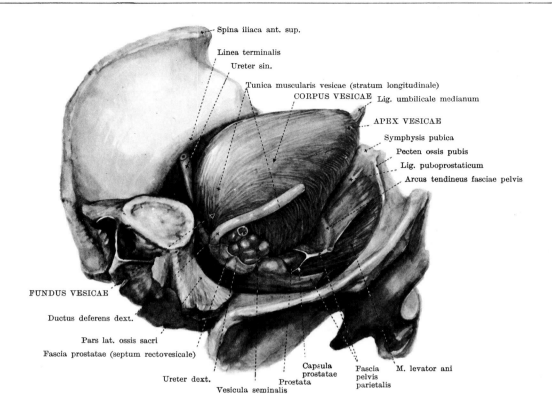

Fig. 138. VESICA URINARIA MASCULINA IV.
(vesica urinaria in situ, rectum ablatum, vesica urinaria injecta, aspectus postero-superior e dextro)

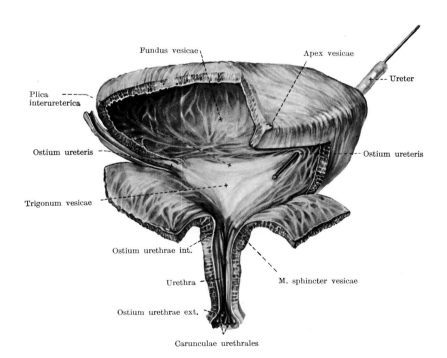

Fig. 139. VESICA URINARIA ET URETHRA FEMININA
(aspectus anterior)

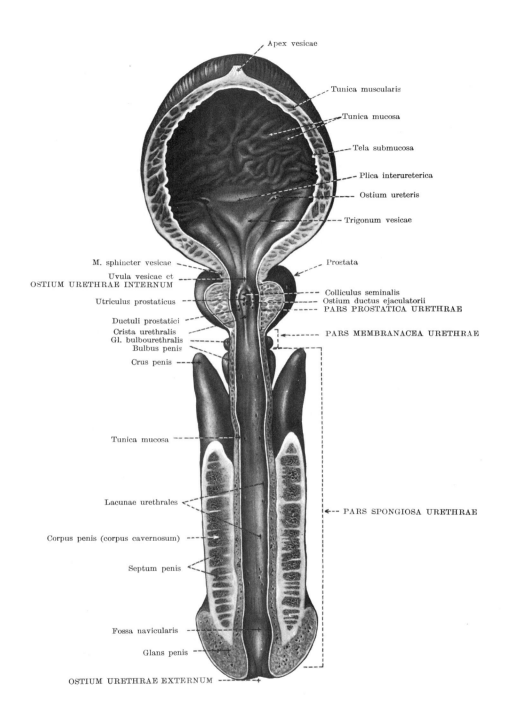

Apex vesicae

Tunica muscularis

Tunica mucosa

Tela submucosa

Plica interureterica

Ostium ureteris

Trigonum vesicae

M. sphincter vesicae

Uvula vesicae et
OSTIUM URETHRAE INTERNUM

Utriculus prostaticus

Ductuli prostatici

Crista urethralis
Gl. bulbourethralis
Bulbus penis

Crus penis

Prostata

Colliculus seminalis
Ostium ductus ejaculatorii
PARS PROSTATICA URETHRAE

PARS MEMBRANACEA URETHRAE

Tunica mucosa

Lacunae urethrales

Corpus penis (corpus cavernosum)

Septum penis

PARS SPONGIOSA URETHRAE

Fossa navicularis

Glans penis

OSTIUM URETHRAE EXTERNUM

Fig. 140. VESICA URINARIA ET URETHRA MASCULINA
(sectio longitudinalis)

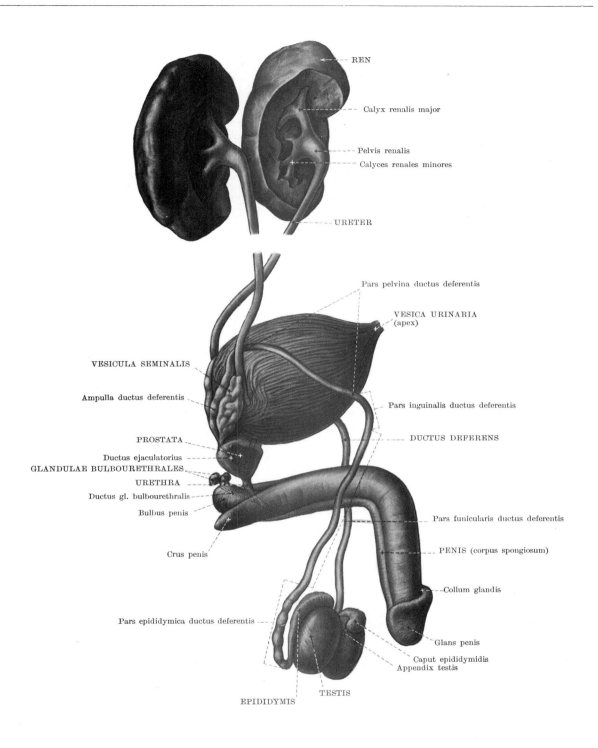

REN

Calyx renalis major

Pelvis renalis

Calyces renales minores

URETER

Pars pelvina ductus deferentis

VESICA URINARIA
(apex)

VESICULA SEMINALIS

Ampulla ductus deferentis

Pars inguinalis ductus deferentis

PROSTATA

DUCTUS DEFERENS

Ductus ejaculatorius
GLANDULAE BULBOURETHRALES
URETHRA
Ductus gl. bulbourethralis
Bulbus penis

Pars funicularis ductus deferentis

PENIS (corpus spongiosum)

Crus penis

Collum glandis

Pars epididymica ductus deferentis

Glans penis

Caput epididymidis
Appendix testis

TESTIS

EPIDIDYMIS

Fig. 141. ORGANA UROPOETICA ET GENITALIA MASCULINA

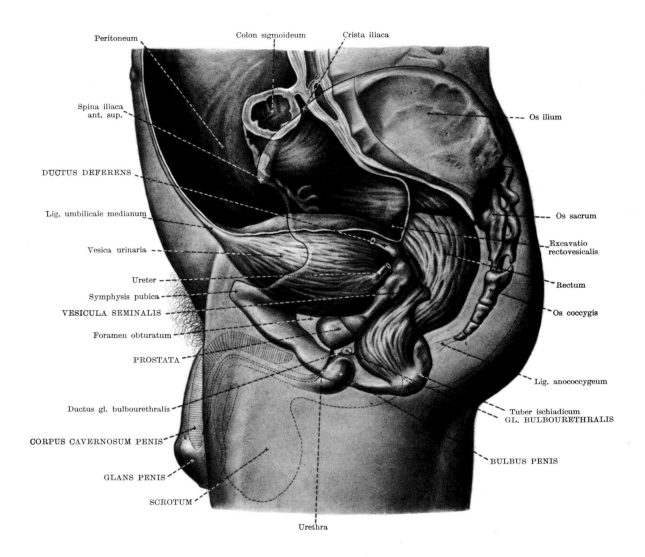

Peritoneum — Colon sigmoideum — Crista iliaca — Os ilium

Spina iliaca ant. sup.

DUCTUS DEFERENS

Lig. umbilicale medianum — Os sacrum

Vesica urinaria — Excavatio rectovesicalis

Ureter — Rectum

Symphysis pubica — Os coccygis

VESICULA SEMINALIS

Foramen obturatum

PROSTATA — Lig. anococcygeum

Ductus gl. bulbourethralis — Tuber ischiadicum
GL. BULBOURETHRALIS

CORPUS CAVERNOSUM PENIS — BULBUS PENIS

GLANS PENIS

SCROTUM

Urethra

Fig. 142. ORGANA GENITALIA MASCULINA I.
(projectio lateralis sin.)

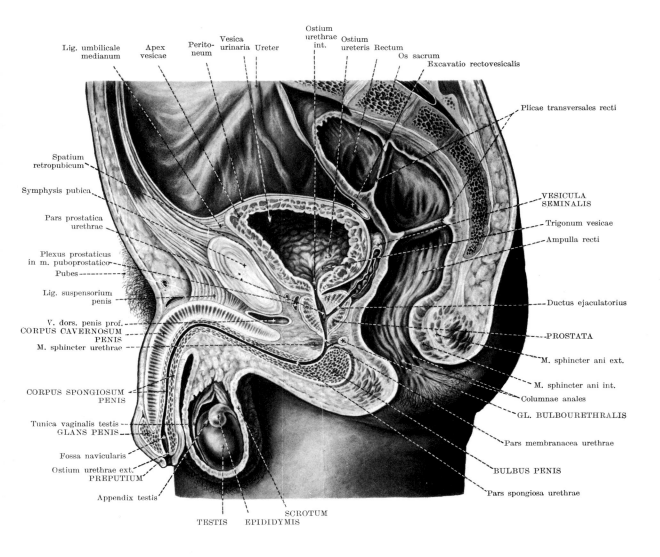

Lig. umbilicale medianum · Apex vesicae · Perito-neum · Vesica urinaria · Ureter · Ostium urethrae int. · Ostium ureteris · Rectum · Os sacrum · Excavatio rectovesicalis

Plicae transversales recti

Spatium retropubicum

Symphysis pubica

Pars prostatica urethrae

Plexus prostaticus in m. puboprostatico

Pubes

Lig. suspensorium penis

V. dors. penis prof.
CORPUS CAVERNOSUM PENIS
M. sphincter urethrae

CORPUS SPONGIOSUM PENIS

Tunica vaginalis testis
GLANS PENIS

Fossa navicularis

Ostium urethrae ext.
PREPUTIUM

Appendix testis

TESTIS · EPIDIDYMIS · SCROTUM

VESICULA SEMINALIS

Trigonum vesicae

Ampulla recti

Ductus ejaculatorius

PROSTATA

M. sphincter ani ext.

M. sphincter ani int.
Columnae anales
GL. BULBOURETHRALIS

Pars membranacea urethrae

BULBUS PENIS

Pars spongiosa urethrae

Fig. 143. ORGANA GENITALIA MASCULINA II.
(sectio sagittalis mediana)

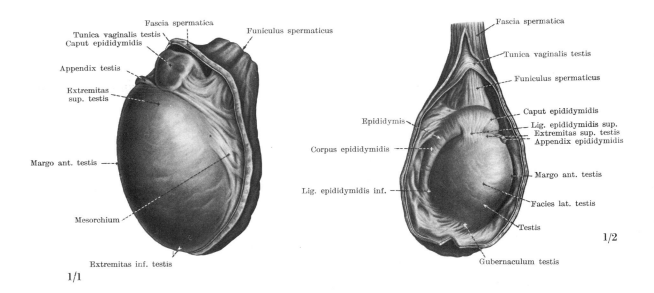

Fig. 144. TESTIS ET EPIDIDYMIS I.
(facies medialis, l. dext.)

Fig. 145. TESTIS ET EPIDIDYMIS II.
(facies lateralis, l. **dext.**)

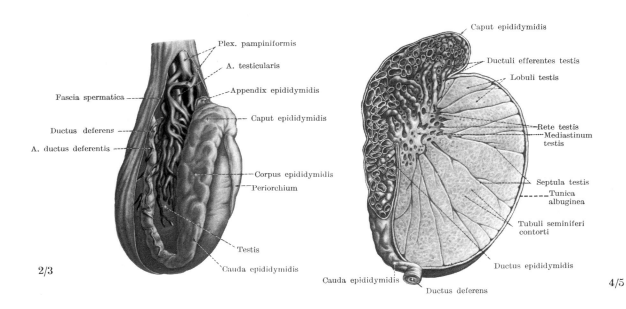

Fig. 146. TESTIS ET EPIDIDYMIS III.
(aspectus posterior, l. dext.)

Fig. 147. TESTIS ET EPIDIDYMIS IV.
(sectio sagittalis)

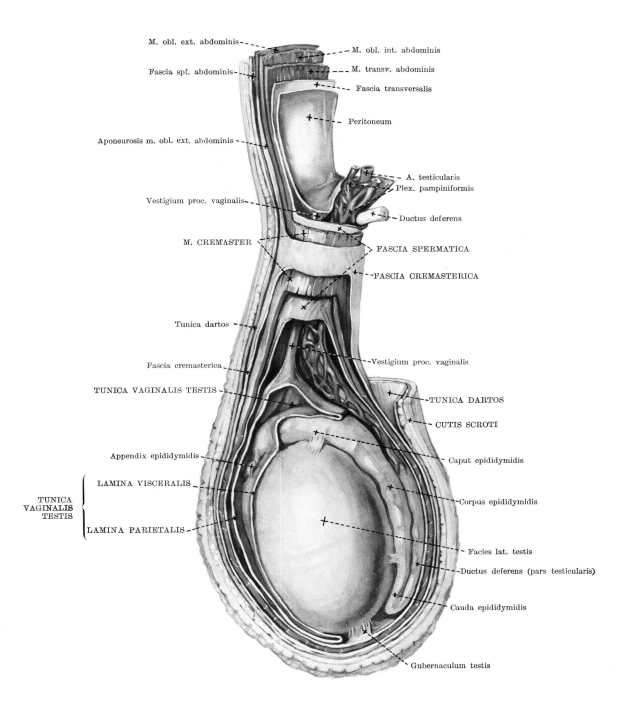

Fig. 148. TUNICAE TESTIS ET SCROTUM
(aspectus lateralis, l. sin.)

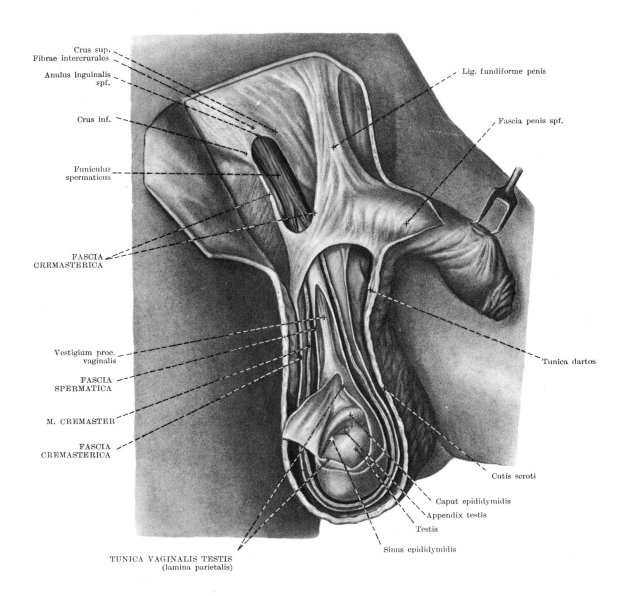

Crus sup.
Fibrae intercrurales

Anulus inguinalis
spf.

Crus inf.

Funiculus
spermaticus

FASCIA
CREMASTERICA

Vestigium proc.
vaginalis

FASCIA
SPERMATICA

M. CREMASTER

FASCIA
CREMASTERICA

Lig. fundiforme penis

Fascia penis spf.

Tunica dartos

Cutis scroti

Caput epididymidis

Appendix testis

Testis

Sinus epididymidis

TUNICA VAGINALIS TESTIS
(lamina parietalis)

Fig. 149. TUNICAE TESTIS ET FUNICULI SPERMATICI
(aspectus antero-lateralis dext.)

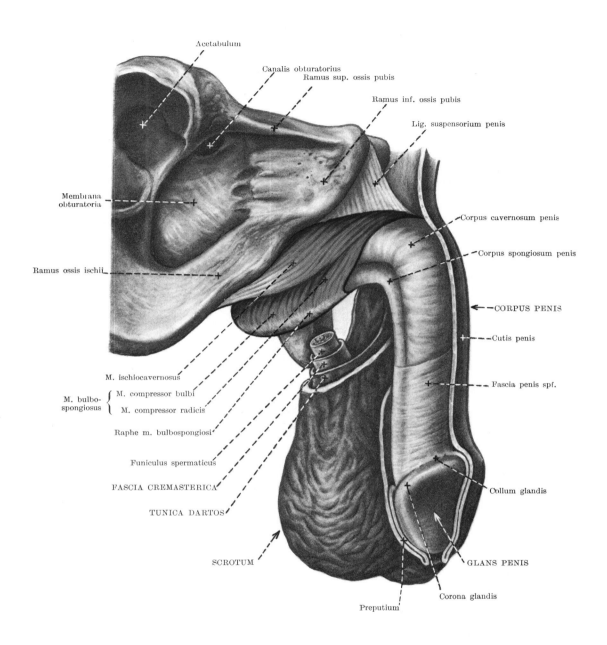

Fig. 150. SCROTUM, TUNICAE FUNICULI SPERMATICI ET PENIS

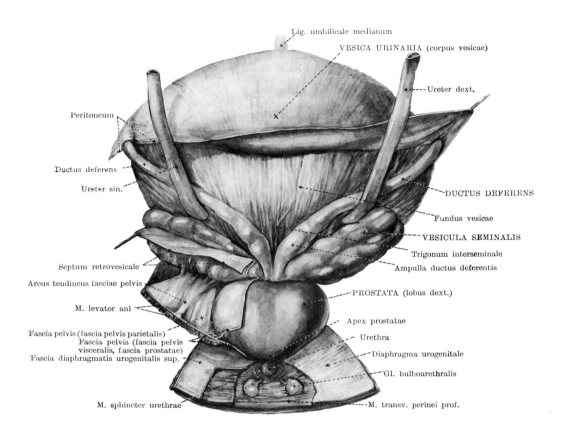

Lig. umbilicale medianum

VESICA URINARIA (corpus vesicae)

Ureter dext.

Peritoneum

Ductus deferens

Ureter sin.

DUCTUS DEFERENS

Fundus vesicae

VESICULA SEMINALIS

Trigonum interseminale

Ampulla ductus deferentis

Septum retrovesicale

Arcus tendineus fasciae pelvis

PROSTATA (lobus dext.)

M. levator ani

Apex prostatae

Urethra

Fascia pelvis (fascia pelvis parietalis)

Fascia pelvis (fascia pelvis visceralis, fascia prostatae)

Fascia diaphragmatis urogenitalis sup.

Diaphragma urogenitale

Gl. bulbourethralis

M. transv. perinei prof.

M. sphincter urethrae

Fig. 151. ORGANA GENITALIA MASCULINA INTERNA ET VESICA URINARIA
(aspectus posterior)

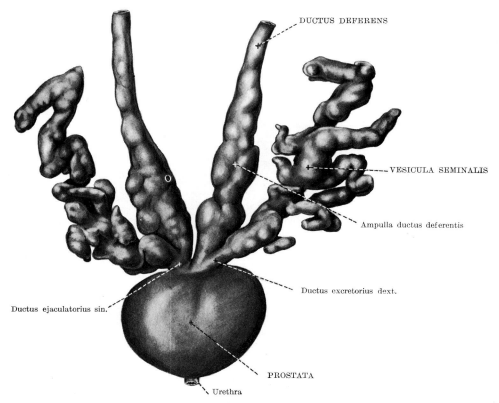

DUCTUS DEFERENS

VESICULA SEMINALIS

Ampulla ductus deferentis

Ductus excretorius dext.

Ductus ejaculatorius sin.

PROSTATA

Urethra

Fig. 152. DUCTUS DEFERENS, VESICULA SEMINALIS ET PROSTATA
(aspectus posterior)

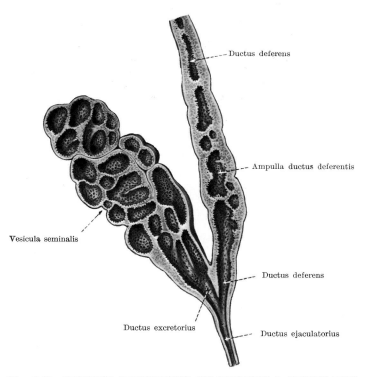

Ductus deferens

Ampulla ductus deferentis

Ductus deferens

Vesicula seminalis

Ductus excretorius

Ductus ejaculatorius

Fig. 153. DUCTUS DEFERENS ET VESICULA SEMINALIS
(sectio frontalis, l. sin.)

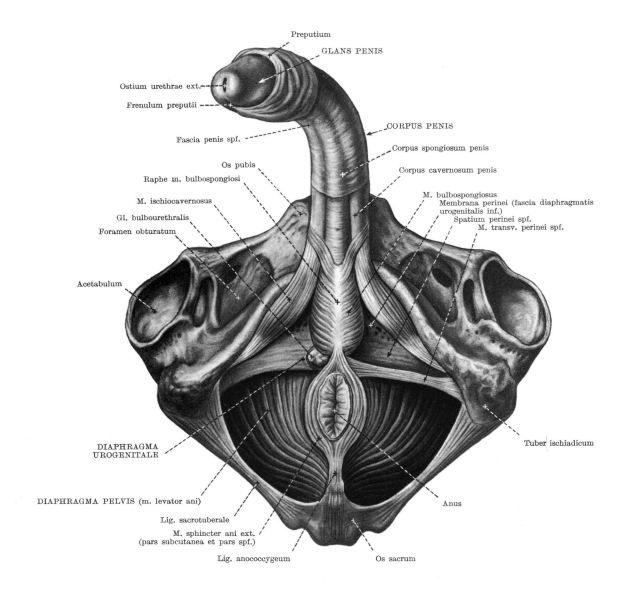

Fig. 154. PENIS ET PERINEUM

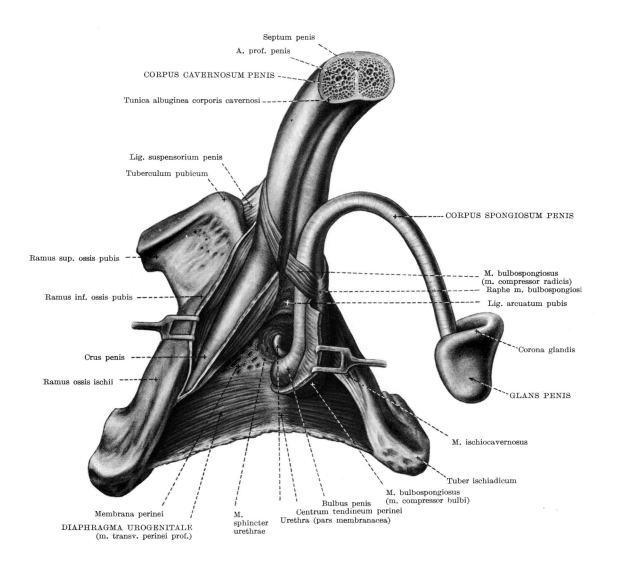

Septum penis

A. prof. penis

CORPUS CAVERNOSUM PENIS

Tunica albuginea corporis cavernosi

Lig. suspensorium penis

Tuberculum pubicum

CORPUS SPONGIOSUM PENIS

Ramus sup. ossis pubis

M. bulbospongiosus
(m. compressor radicis)

Raphe m. bulbospongiosi

Ramus inf. ossis pubis

Lig. arcuatum pubis

Corona glandis

Crus penis

Ramus ossis ischii

GLANS PENIS

M. ischiocavernosus

Tuber ischiadicum

M. bulbospongiosus
(m. compressor bulbi)

Bulbus penis
Centrum tendineum perinei
Urethra (pars membranacea)

Membrana perinei

M.
sphincter
urethrae

DIAPHRAGMA UROGENITALE
(m. transv. perinei prof.)

Fig. 155. PENIS ET DIAPHRAGMA UROGENITALE

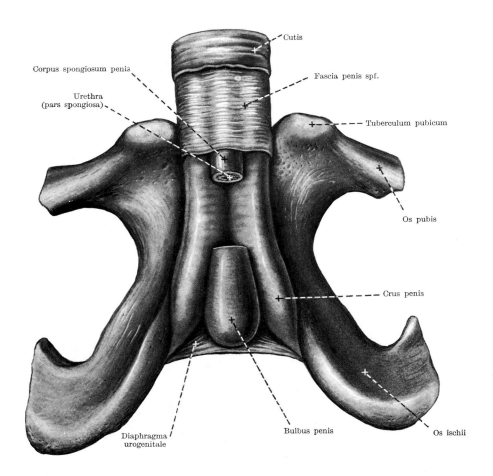

Fig. 156. CRURA ET BULBUS PENIS

(aspectus antero-inferior)

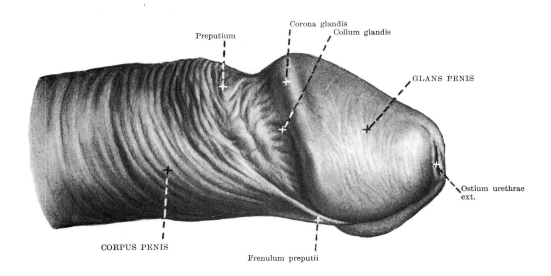

Preputium   Corona glandis   Collum glandis   GLANS PENIS   Ostium urethrae ext.   CORPUS PENIS   Frenulum preputii

Fig. 157. CORPUS ET GLANS PENIS

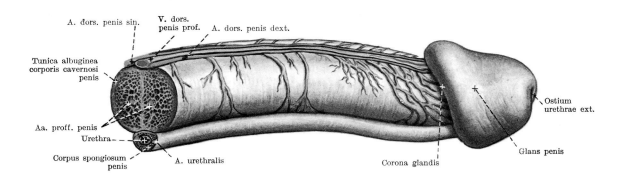

A. dors. penis sin.   V. dors. penis prof.   A. dors. penis dext.   Tunica albuginea corporis cavernosi penis   Aa. proff. penis   Urethra   Corpus spongiosum penis   A. urethralis   Corona glandis   Glans penis   Ostium urethrae ext.

Fig. 158. VASA PENIS I.
(vasa dorsalia)

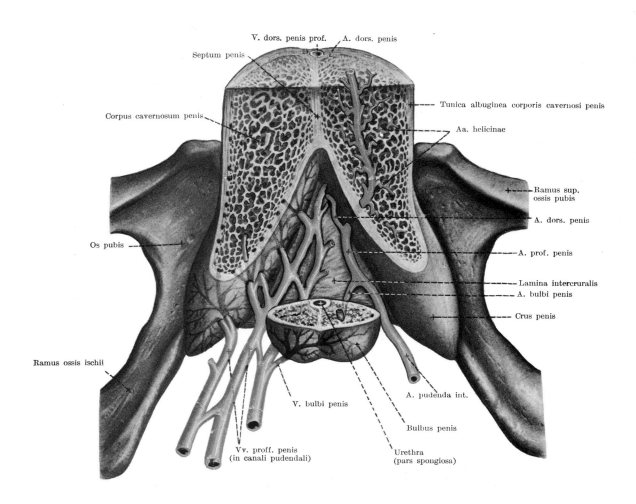

Fig. 159. VASA PENIS II.
(vasa profunda)

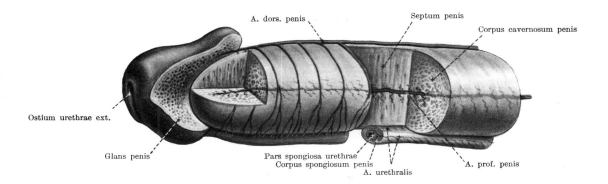

A. dors. penis

Septum penis

Corpus cavernosum penis

Ostium urethrae ext.

Glans penis

Pars spongiosa urethrae
Corpus spongiosum penis
A. urethralis

A. prof. penis

Fig. 160. VASA PENIS III.
(arteriae penis)

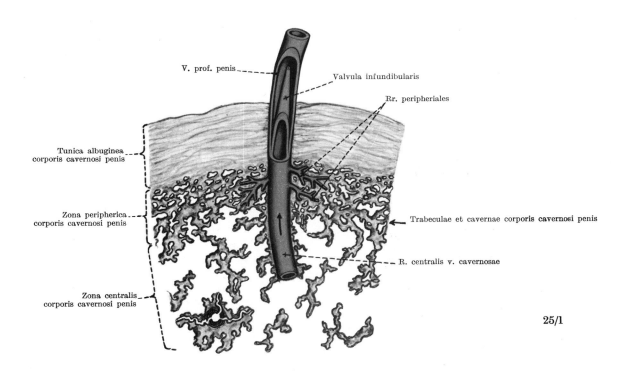

V. prof. penis

Valvula infundibularis

Rr. peripheriales

Tunica albuginea
corporis cavernosi penis

Zona peripherica
corporis cavernosi penis

Trabeculae et cavernae corporis cavernosi penis

R. centralis v. cavernosae

Zona centralis
corporis cavernosi penis

25/1

Fig. 161. VASA PENIS IV.
(structura interna venarum cavernosarum corporis cavernosi penis)

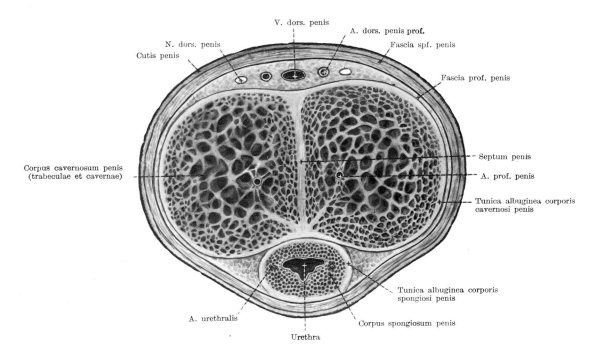

Fig. 162. VASA PENIS V.
(sectio transversalis)

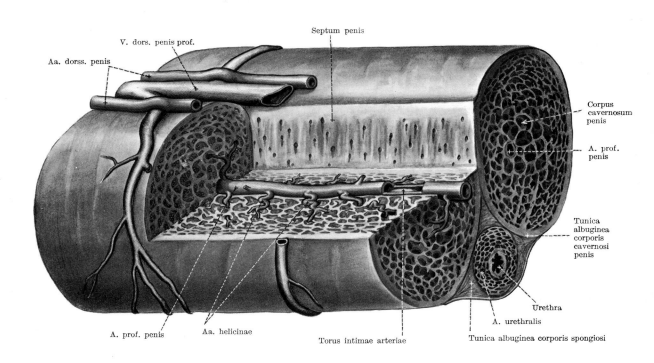

Fig. 163. VASA PENIS VI.
(vasa corporis cavernosi penis)

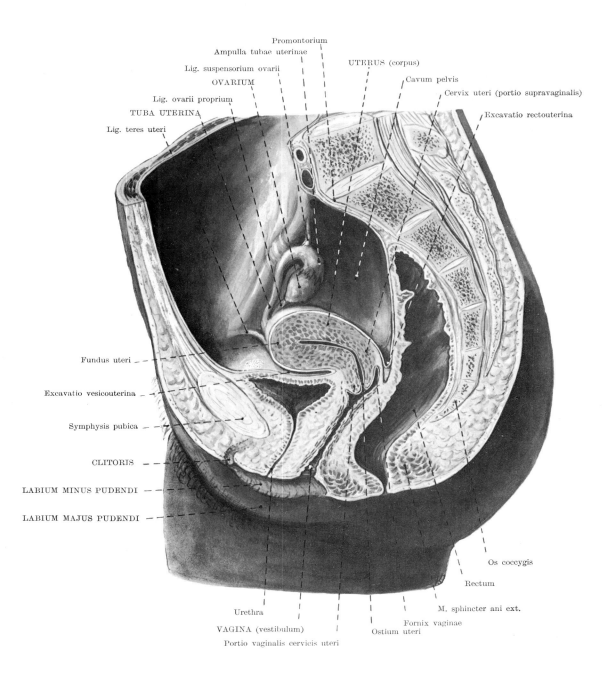

Promontorium

Ampulla tubae uterinae

Lig. suspensorium ovarii

OVARIUM

Lig. ovarii proprium

TUBA UTERINA

Lig. teres uteri

UTERUS (corpus)

Cavum pelvis

Cervix uteri (portio supravaginalis)

Excavatio rectouterina

Fundus uteri

Excavatio vesicouterina

Symphysis pubica

CLITORIS

LABIUM MINUS PUDENDI

LABIUM MAJUS PUDENDI

Os coccygis

Rectum

M. sphincter ani ext.

Urethra

Fornix vaginae

VAGINA (vestibulum)

Ostium uteri

Portio vaginalis cervicis uteri

Fig. 164. ORGANA UROPOETICA ET GENITALIA FEMININA I.

(sectio sagittalis mediana)

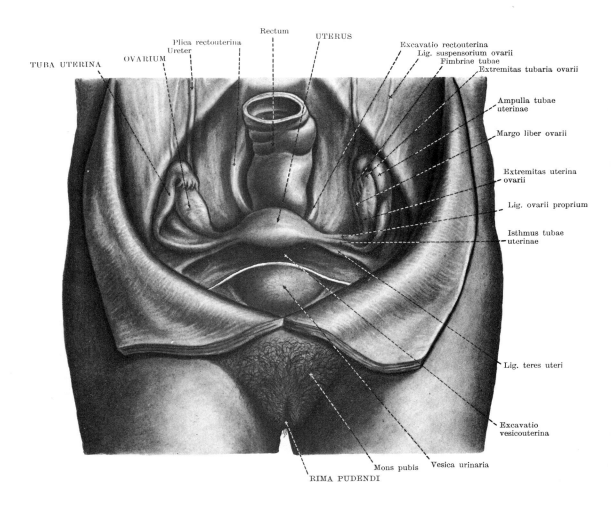

Fig. 165. ORGANA GENITALIA FEMININA II.

(aspectus antero-superior)

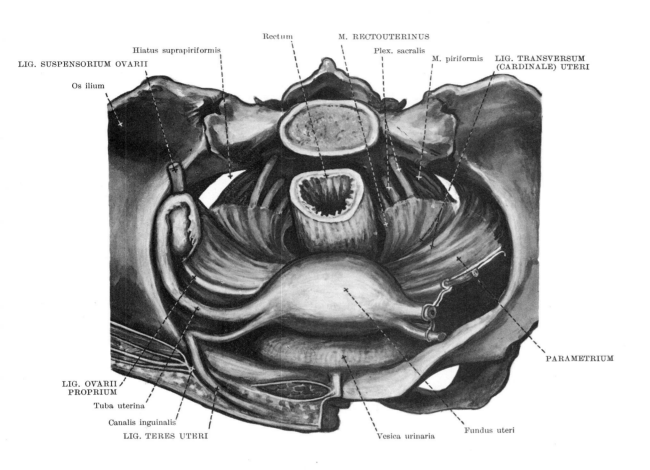

LIG. SUSPENSORIUM OVARII

Os ilium

Hiatus suprapiriformis

Rectum

M. RECTOUTERINUS

Plex. sacralis

M. piriformis

LIG. TRANSVERSUM
(CARDINALE) UTERI

PARAMETRIUM

LIG. OVARII
PROPRIUM

Tuba uterina

Canalis inguinalis

LIG. TERES UTERI

Vesica urinaria

Fundus uteri

Fig. 166. ORGANA GENITALIA FEMININA INTERNA I.

(ligamenta fixantes uterum, aspectus superior)

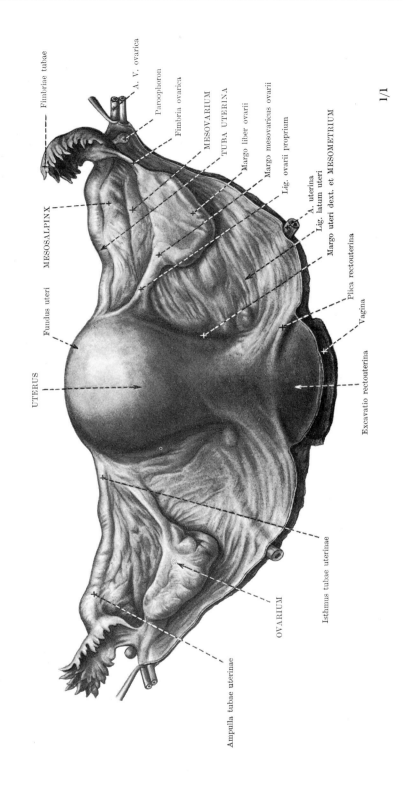

Fig. 167. ORGANA GENITALIA FEMININA INTERNA II.

(uterus et adnexa, aspectus posterior)

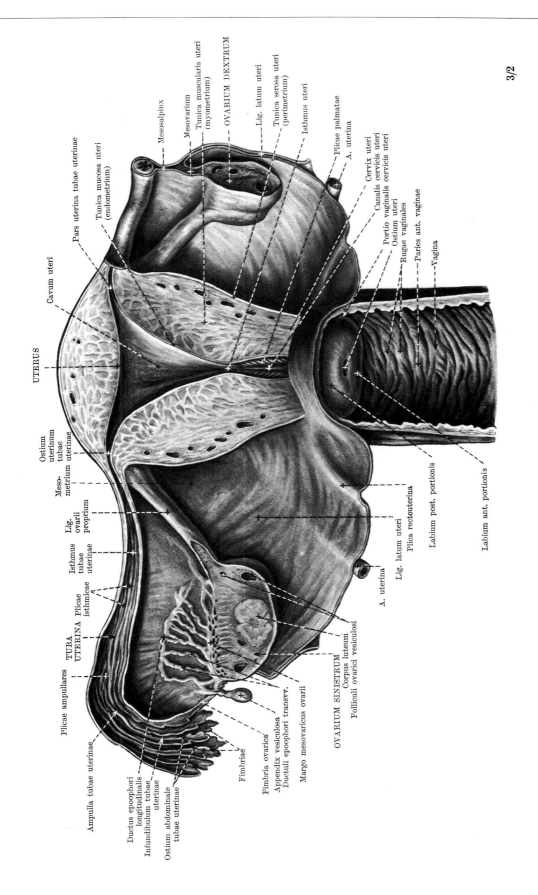

Fig. 168. ORGANA GENITALIA FEMININA INTERNA III.
(sectio frontalis, aspectus posterior)

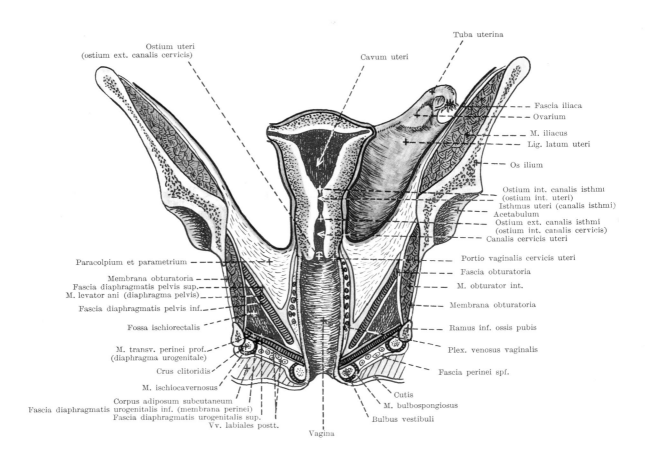

Ostium uteri
(ostium ext. canalis cervicis)

Cavum uteri

Tuba uterina

Fascia iliaca
Ovarium

M. iliacus
Lig. latum uteri

Os ilium

Ostium int. canalis isthmi
(ostium int. uteri)
Isthmus uteri (canalis isthmi)
Acetabulum
Ostium ext. canalis isthmi
(ostium int. canalis cervicis)
Canalis cervicis uteri

Paracolpium et parametrium

Membrana obturatoria
Fascia diaphragmatis pelvis sup.
M. levator ani (diaphragma pelvis)

Fascia diaphragmatis pelvis inf.

Fossa ischiorectalis

M. transv. perinei prof.
(diaphragma urogenitale)

Crus clitoridis

M. ischiocavernosus

Corpus adiposum subcutaneum
Fascia diaphragmatis urogenitalis inf. (membrana perinei)
Fascia diaphragmatis urogenitalis sup.
Vv. labiales postt.

Portio vaginalis cervicis uteri

Fascia obturatoria

M. obturator int.

Membrana obturatoria

Ramus inf. ossis pubis

Plex. venosus vaginalis

Fascia perinei spf.

Cutis
M. bulbospongiosus

Bulbus vestibuli

Vagina

Fig. 169. STRUCTURA PELVIS FEMININAE
(sectio frontalis)

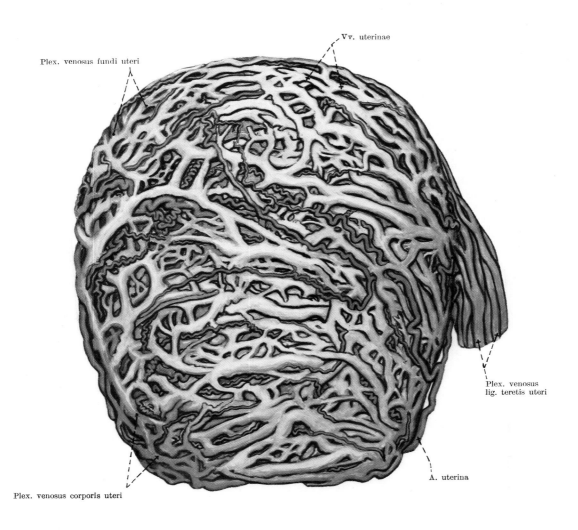

Fig. 170. VASA UTERI GRAVIDI
(preparatum injectum et corrosum fecit I. Palkovich)

1/2

10*

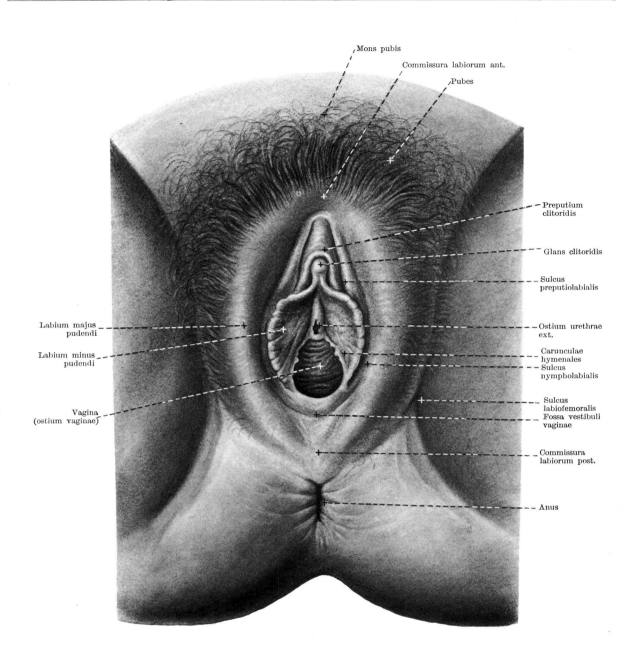

Mons pubis

Commissura labiorum ant.

Pubes

Preputium clitoridis

Glans clitoridis

Sulcus preputiolabialis

Labium majus pudendi

Labium minus pudendi

Vagina (ostium vaginae)

Ostium urethrae ext.

Carunculae hymenales

Sulcus nympholabialis

Sulcus labiofemoralis

Fossa vestibuli vaginae

Commissura labiorum post.

Anus

Fig. 171. PUDENDUM FEMININUM

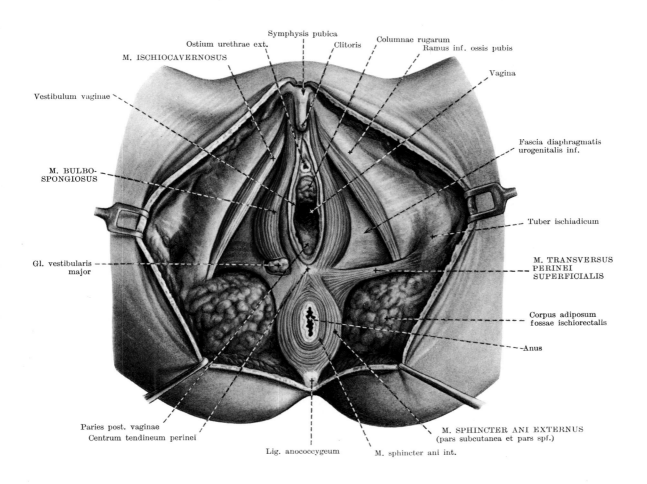

Symphysis pubica

Ostium urethrae ext. Clitoris Columnae rugarum
            Ramus inf. ossis pubis

M. ISCHIOCAVERNOSUS

Vestibulum vaginae

Vagina

Fascia diaphragmatis
urogenitalis inf.

M. BULBO-
SPONGIOSUS

Tuber ischiadicum

Gl. vestibularis
major

M. TRANSVERSUS
PERINEI
SUPERFICIALIS

Corpus adiposum
fossae ischiorectalis

~Anus

Paries post. vaginae
Centrum tendineum perinei

M. SPHINCTER ANI EXTERNUS
(pars subcutanea et pars spf.)

Lig. anococcygeum M. sphincter ani int.

Fig. 172. PERINEUM FEMININUM I.
(musculi superficiales)

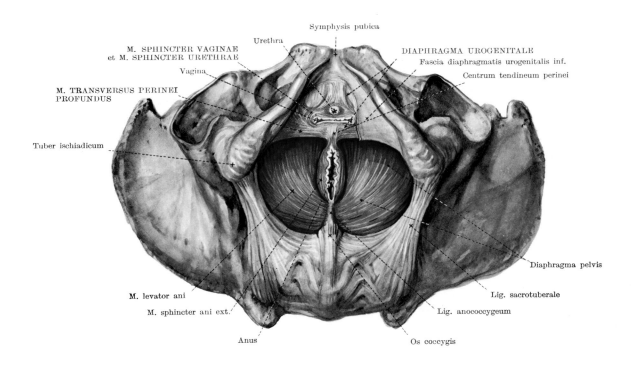

Fig. 173. PERINEUM FEMININUM II.

(diaphragma urogenitale, musculus transversus perinei profundus)

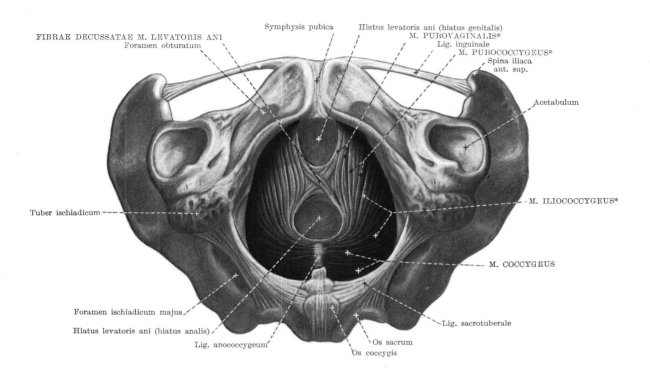

FIBRAE DECUSSATAE M. LEVATORIS ANI
Foramen obturatum

Symphysis pubica

Hiatus levatoris ani (hiatus genitalis)
M. PUBOVAGINALIS*
Lig. inguinale
M. PUBOCOCCYGEUS*
Spina iliaca
ant. sup.

Acetabulum

M. ILIOCOCCYGEUS*

Tuber ischiadicum

M. COCCYGEUS

Foramen ischiadicum majus
Hiatus levatoris ani (hiatus analis)
Lig. anococcygeum

Lig. sacrotuberale

Os sacrum
Os coccygis

* Partes m. levatoris ani

Fig. 174. PERINEUM FEMININUM III.
(diaphragma pelvis, musculus levator ani)

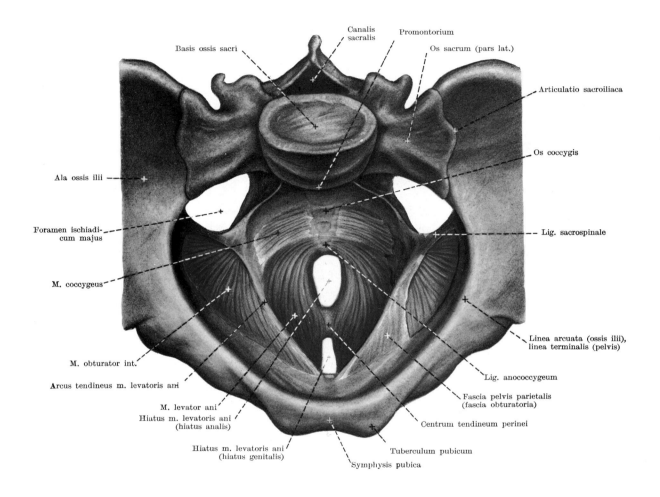

Basis ossis sacri

Canalis sacralis

Promontorium

Os sacrum (pars lat.)

Articulatio sacroiliaca

Os coccygis

Ala ossis ilii

Foramen ischiadicum majus

Lig. sacrospinale

M. coccygeus

Linea arcuata (ossis ilii), linea terminalis (pelvis)

M. obturator int.

Lig. anococcygeum

Arcus tendineus m. levatoris ani

Fascia pelvis parietalis (fascia obturatoria)

M. levator ani

Centrum tendineum perinei

Hiatus m. levatoris ani (hiatus analis)

Hiatus m. levatoris ani (hiatus genitalis)

Tuberculum pubicum

Symphysis pubica

Fig. 175. PELVIS FEMININA I.

(aspectus superior)

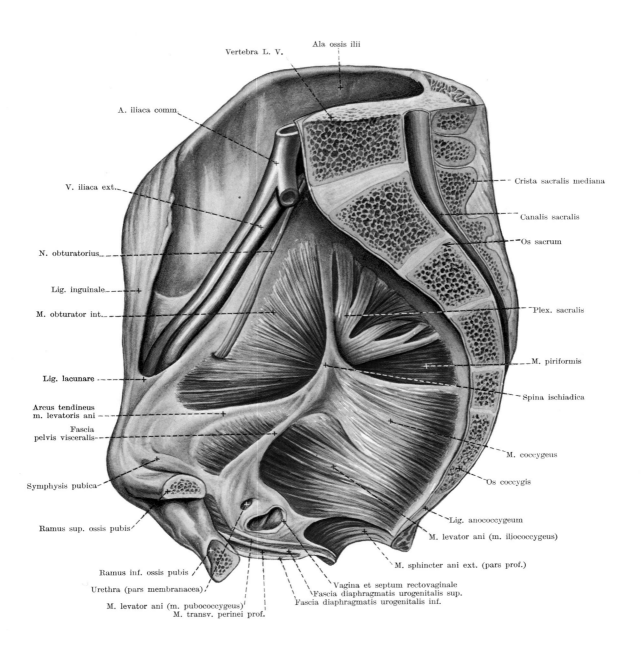

Vertebra L. V.

Ala ossis ilii

A. iliaca comm.

V. iliaca ext.

N. obturatorius

Lig. inguinale

M. obturator int.

Lig. lacunare

Arcus tendineus
m. levatoris ani

Fascia
pelvis visceralis

Symphysis pubica

Ramus sup. ossis pubis

Ramus inf. ossis pubis

Urethra (pars membranacea)

M. levator ani (m. pubococcygeus)

M. transv. perinei prof.

Crista sacralis mediana

Canalis sacralis

Os sacrum

Plex. sacralis

M. piriformis

Spina ischiadica

M. coccygeus

Os coccygis

Lig. anococcygeum

M. levator ani (m. iliococcygeus)

M. sphincter ani ext. (pars prof.)

Vagina et septum rectovaginale

Fascia diaphragmatis urogenitalis sup.

Fascia diaphragmatis urogenitalis inf.

Fig. 176. PELVIS FEMININA II.
(sectio obliqua perpendicularis, aspectus sin.)

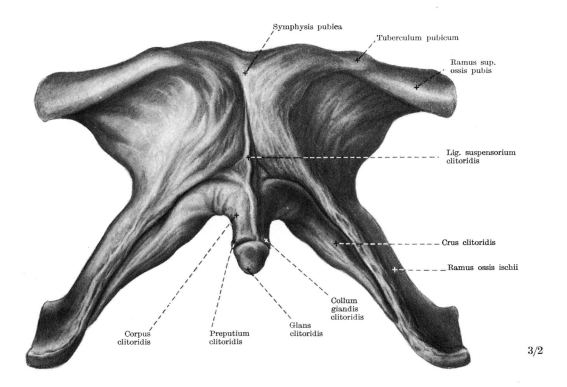

Symphysis pubica

Tuberculum pubicum

Ramus sup.
ossis pubis

Lig. suspensorium
clitoridis

Crus clitoridis

Ramus ossis ischii

Collum
glandis
clitoridis

Glans
clitoridis

Preputium
clitoridis

Corpus
clitoridis

3/2

Fig. 177. CLITORIS

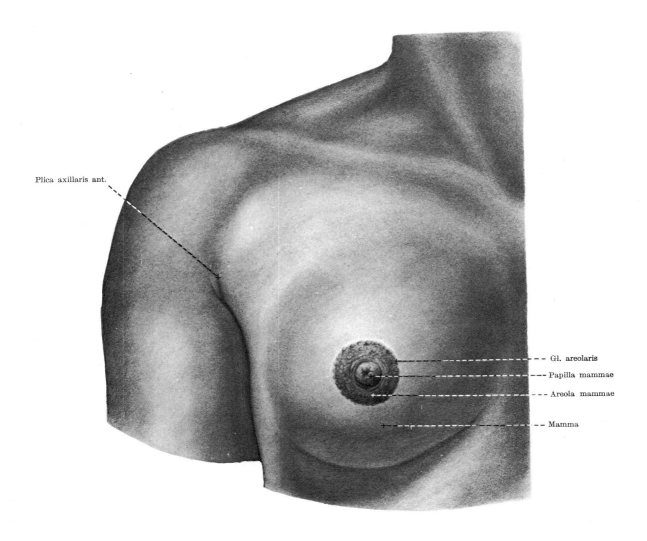

Plica axillaris ant.

Gl. areolaris

Papilla mammae

Areola mammae

Mamma

Fig. 178. MAMMA I.

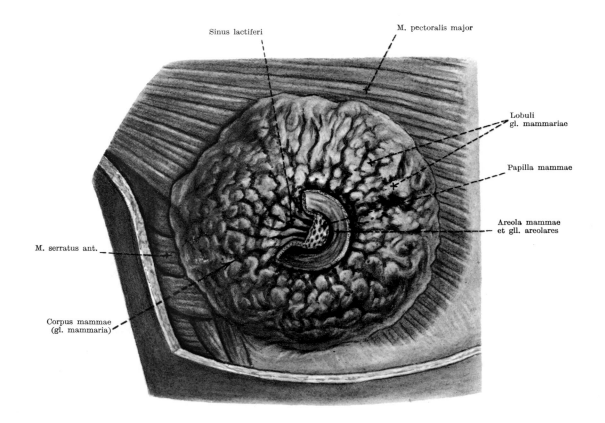

Fig. 179. MAMMA II.
(corpus glandularis)

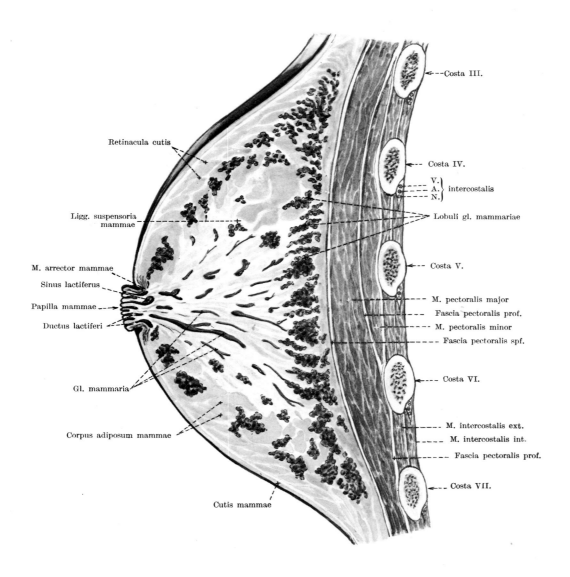

Retinacula cutis

Ligg. suspensoria
mammae

M. arrector mammae

Sinus lactiferus

Papilla mammae

Ductus lactiferi

Gl. mammaria

Corpus adiposum mammae

Cutis mammae

Costa III.

Costa IV.

V.
A. } intercostalis
N.

Lobuli gl. mammariae

Costa V.

M. pectoralis major

Fascia pectoralis prof.

M. pectoralis minor

Fascia pectoralis spf.

Costa VI.

M. intercostalis ext.

M. intercostalis int.

Fascia pectoralis prof.

Costa VII.

Fig. 180. MAMMA III.
(sectio sagittalis)

GLANDULAE SINE DUCTIBUS

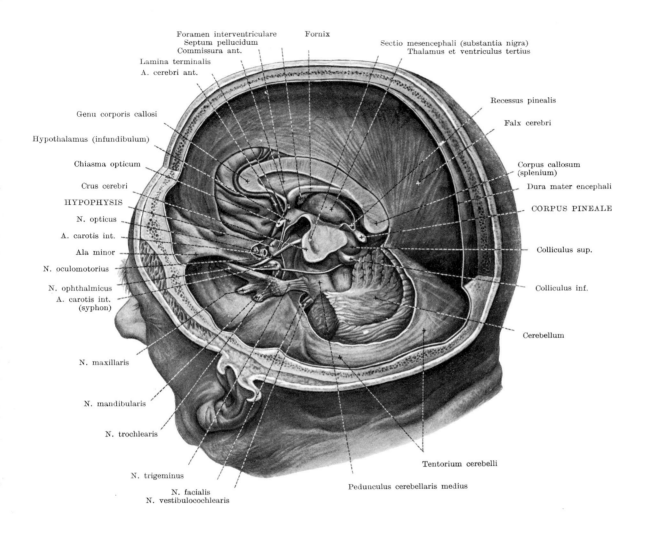

Foramen interventriculare
Septum pellucidum
Commissura ant.
Lamina terminalis
A. cerebri ant.

Fornix

Sectio mesencephali (substantia nigra)
Thalamus et ventriculus tertius

Genu corporis callosi

Hypothalamus (infundibulum)

Chiasma opticum

Crus cerebri

HYPOPHYSIS

N. opticus

A. carotis int.

Ala minor

N. oculomotorius

N. ophthalmicus
A. carotis int.
(syphon)

N. maxillaris

N. mandibularis

N. trochlearis

N. trigeminus

N. facialis
N. vestibulocochlearis

Recessus pinealis

Falx cerebri

Corpus callosum
(splenium)

Dura mater encephali

CORPUS PINEALE

Colliculus sup.

Colliculus inf.

Cerebellum

Tentorium cerebelli

Pedunculus cerebellaris medius

Fig. 181. HYPOPHYSIS SEU GLANDULA PITUITARIA ET CORPUS PINEALE I. IN SITU

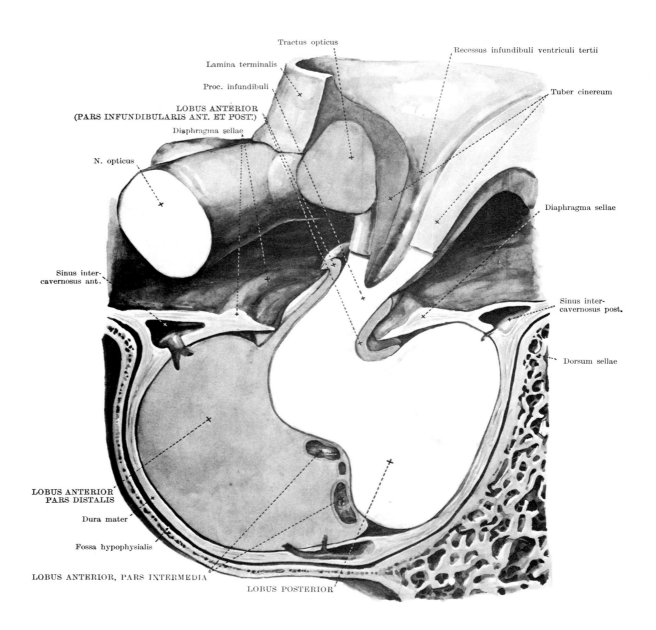

Tractus opticus

Recessus infundibuli ventriculi tertii

Lamina terminalis

Proc. infundibuli

Tuber cinereum

LOBUS ANTERIOR
(PARS INFUNDIBULARIS ANT. ET POST.)

Diaphragma sellae

N. opticus

Diaphragma sellae

Sinus inter-
cavernosus ant.

Sinus inter-
cavernosus post.

Dorsum sellae

LOBUS ANTERIOR
PARS DISTALIS

Dura mater

Fossa hypophysialis

LOBUS ANTERIOR, PARS INTERMEDIA

LOBUS POSTERIOR

Fig. 182. HYPOPHYSIS II.
(sectio sagittalis, aspectus sinister)

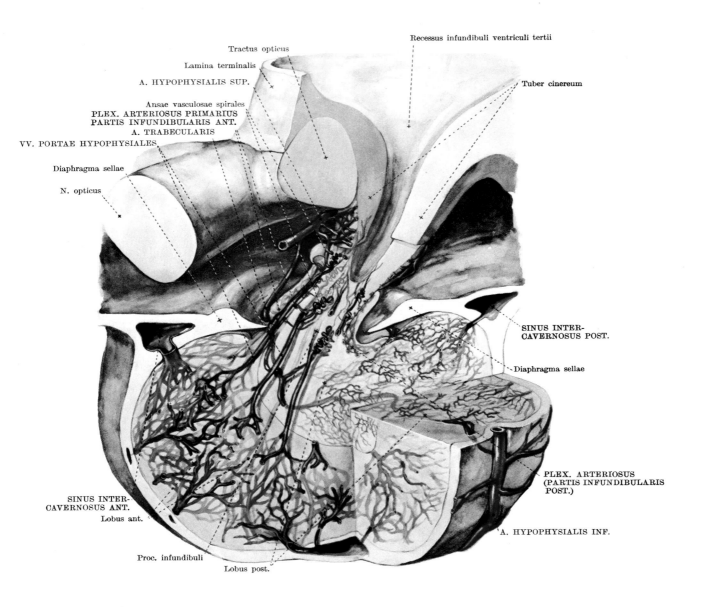

Tractus opticus

Lamina terminalis

A. HYPOPHYSIALIS SUP.

Ansae vasculosae spirales
PLEX. ARTERIOSUS PRIMARIUS
PARTIS INFUNDIBULARIS ANT.
A. TRABECULARIS

VV. PORTAE HYPOPHYSIALES

Diaphragma sellae

N. opticus

Recessus infundibuli ventriculi tertii

Tuber cinereum

SINUS INTER-
CAVERNOSUS POST.

Diaphragma sellae

PLEX. ARTERIOSUS
(PARTIS INFUNDIBULARIS
POST.)

A. HYPOPHYSIALIS INF.

SINUS INTER-
CAVERNOSUS ANT.

Lobus ant.

Proc. infundibuli

Lobus post.

Fig. 183. HYPOPHYSIS III.
(vasa hypophysialia)

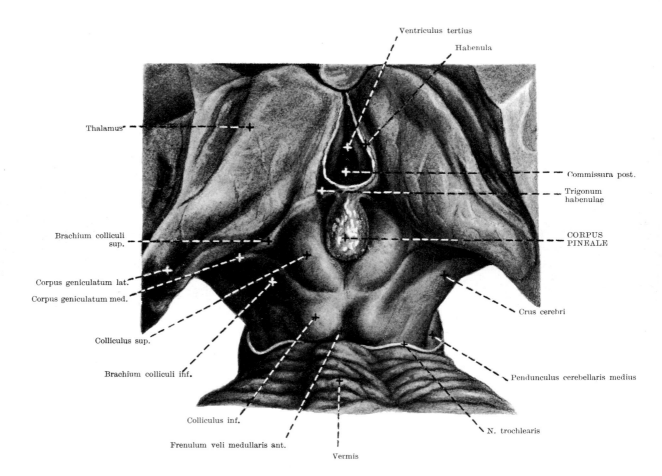

Ventriculus tertius

Habenula

Thalamus

Commissura post.

Trigonum
habenulae

CORPUS
PINEALE

Brachium colliculi
sup.

Corpus geniculatum lat.

Corpus geniculatum med.

Crus cerebri

Colliculus sup.

Brachium colliculi inf.

Pendunculus cerebellaris medius

Colliculus inf.

N. trochlearis

Frenulum veli medullaris ant.

Vermis

5/3

Fig. 184. CORPUS PINEALE II.
(aspectus superior, in situ)

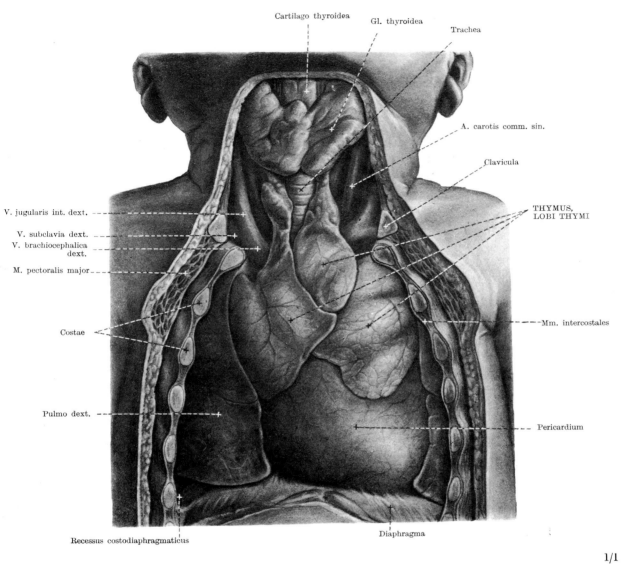

Cartilago thyroidea

Gl. thyroidea

Trachea

A. carotis comm. sin.

Clavicula

THYMUS,
LOBI THYMI

V. jugularis int. dext.

V. subclavia dext.

V. brachiocephalica
dext.

M. pectoralis major

Mm. intercostales

Costae

Pulmo dext.

Pericardium

Recessus costodiaphragmaticus

Diaphragma

1/1

Fig. 185. THYMUS
(neonatus, aspectus anterior, in situ)

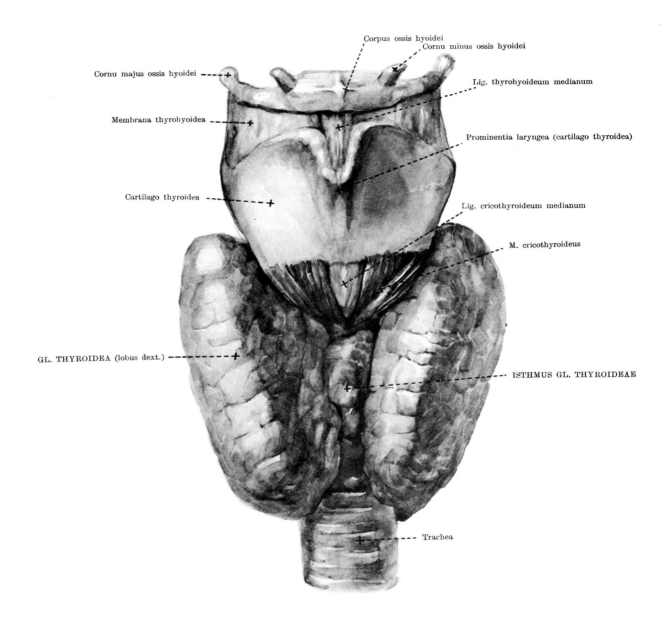

Corpus ossis hyoidei
Cornu minus ossis hyoidei
Cornu majus ossis hyoidei
Lig. thyrohyoideum medianum
Membrana thyrohyoidea
Prominentia laryngea (cartilago thyroidea)
Cartilago thyroidea
Lig. cricothyroideum medianum
M. cricothyroideus
GL. THYROIDEA (lobus dext.)
ISTHMUS GL. THYROIDEAE
Trachea

Fig. 186. GLANDULA THYROIDEA
(aspectus anterior)

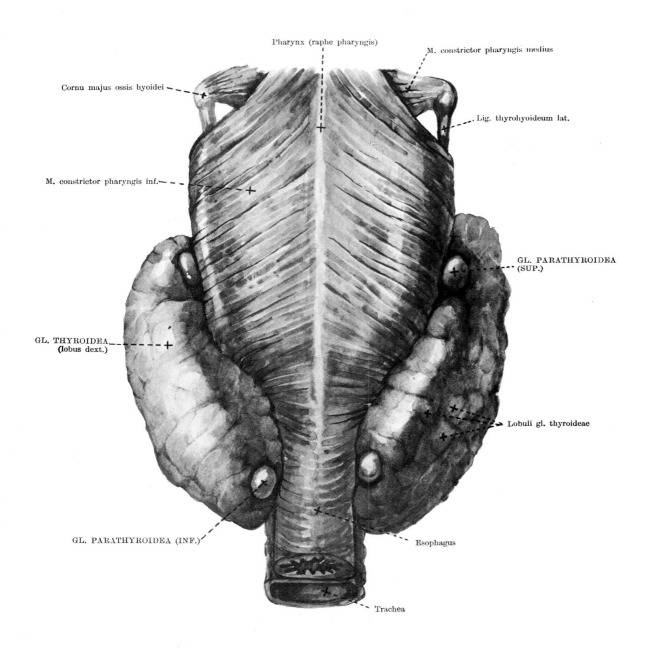

Pharynx (raphe pharyngis)

M. constrictor pharyngis medius

Cornu majus ossis hyoidei

Lig. thyrohyoideum lat.

M. constrictor pharyngis inf.

GL. PARATHYROIDEA (SUP.)

GL. THYROIDEA (lobus dext.)

Lobuli gl. thyroideae

GL. PARATHYROIDEA (INF.)

Esophagus

Trachea

Fig. 187. GLANDULA THYROIDEA ET GLANDULAE PARATHYROIDEAE
(aspectus posterior)

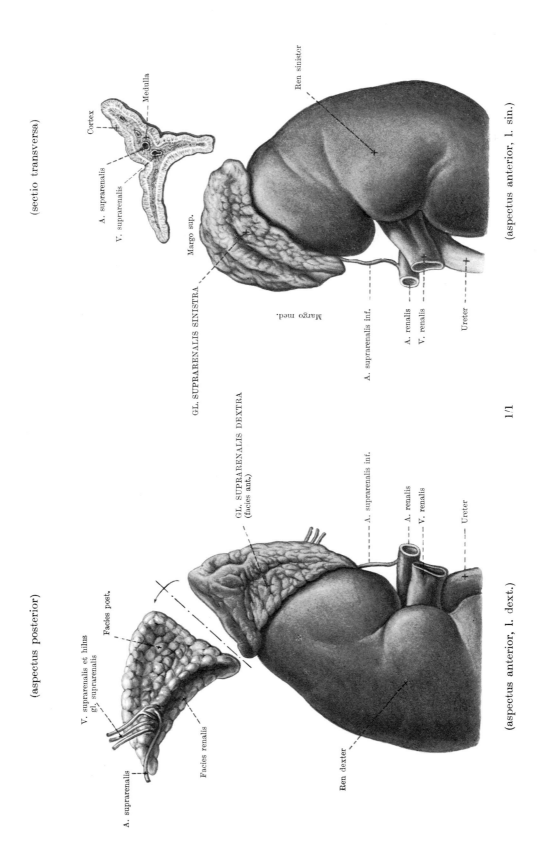

(sectio transversa)

Medulla
Cortex
A. suprarenalis
V. suprarenalis
Margo sup.

GL. SUPRARENALIS SINISTRA

Ren sinister

Margo med.

A. suprarenalis inf.
A. renalis
V. renalis
Ureter

(aspectus anterior, l. sin.)

1/1

(aspectus posterior)

V. suprarenalis et hilus
gl. suprarenalis
Facies post.

A. suprarenalis

Facies renalis

GL. SUPRARENALIS DEXTRA
(facies ant.)

A. suprarenalis inf.
A. renalis
V. renalis
Ureter

Ren dexter

(aspectus anterior, l. dext.)

Fig. 188. GLANDULAE SUPRARENALES

COR

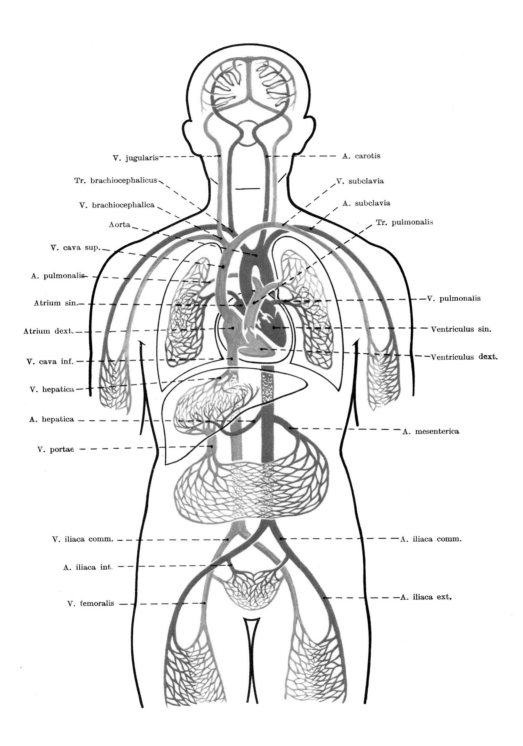

Fig. 189. SYSTEMA CIRCULATIONIS SANGUINIS
(cor et systema vasorum)

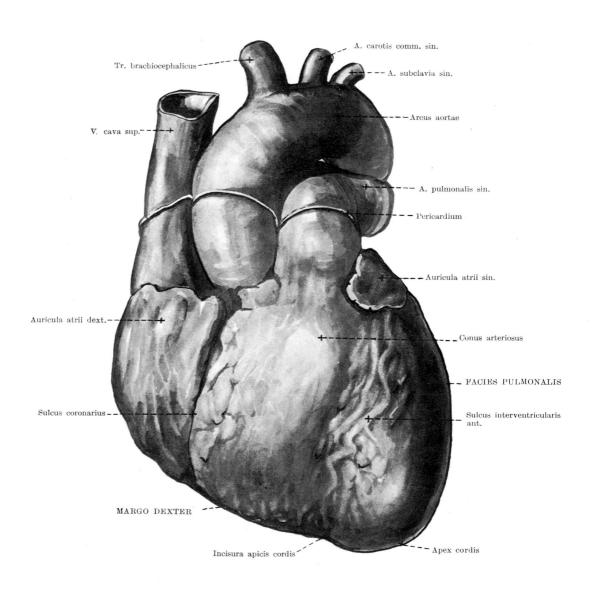

Tr. brachiocephalicus

A. carotis comm. sin.

A. subclavia sin.

Arcus aortae

V. cava sup.

A. pulmonalis sin.

Pericardium

Auricula atrii sin.

Auricula atrii dext.

Conus arteriosus

FACIES PULMONALIS

Sulcus coronarius

Sulcus interventricularis ant.

MARGO DEXTER

Incisura apicis cordis

Apex cordis

Fig. 190. FACIES STERNOCOSTALIS CORDIS
(aspectus antero-superior)

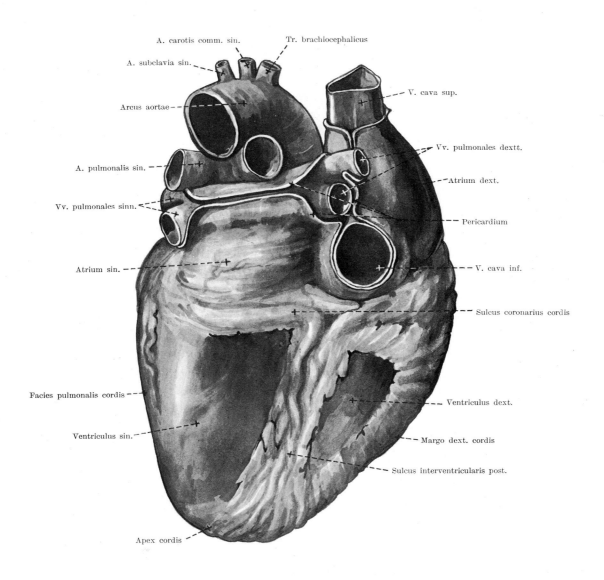

Fig. 191. BASIS ET FACIES DIAPHRAGMATICA CORDIS
(aspectus postero-inferior)

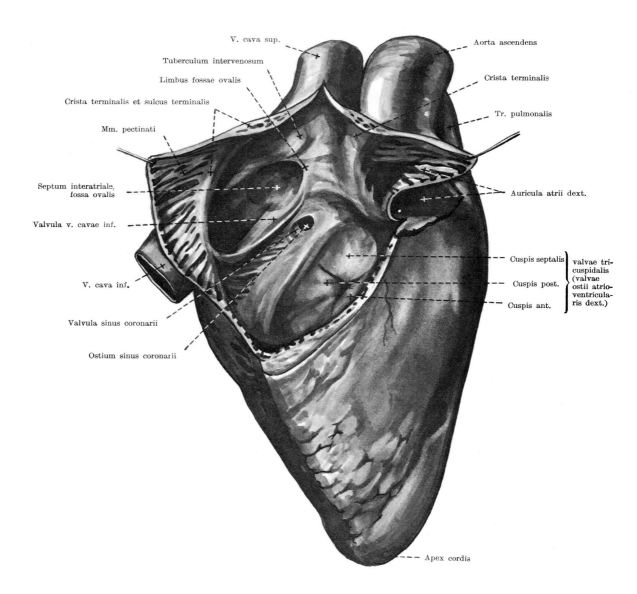

V. cava sup.

Tuberculum intervenosum

Limbus fossae ovalis

Crista terminalis et sulcus terminalis

Mm. pectinati

Septum interatriale, fossa ovalis

Valvula v. cavae inf.

V. cava inf.

Valvula sinus coronarii

Ostium sinus coronarii

Aorta ascendens

Crista terminalis

Tr. pulmonalis

Auricula atrii dext.

Cuspis septalis

Cuspis post.

Cuspis ant.

valvae tri-cuspidalis (valvae ostii atrio-ventricula-ris dext.)

Apex cordis

Fig. 192. ATRIUM DEXTRUM
(aspectus dexter)

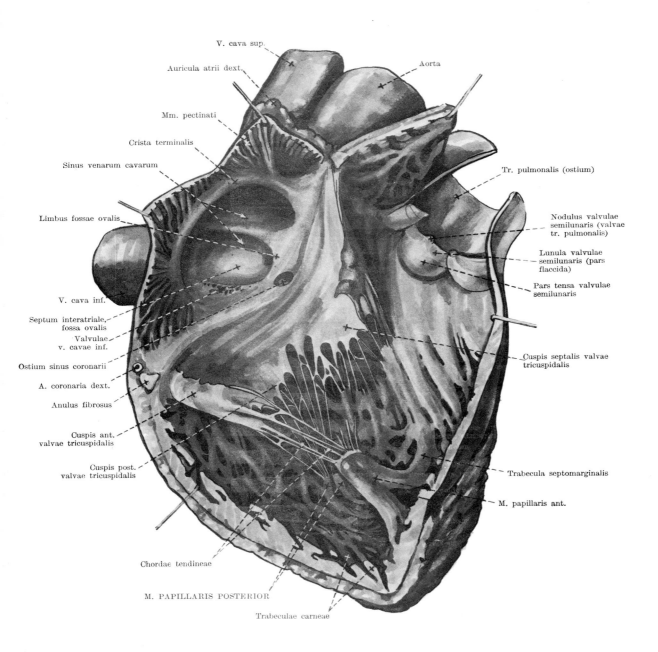

V. cava sup.

Auricula atrii dext.

Aorta

Mm. pectinati

Crista terminalis

Sinus venarum cavarum

Tr. pulmonalis (ostium)

Limbus fossae ovalis

Nodulus valvulae semilunaris (valvae tr. pulmonalis)

Lunula valvulae semilunaris (pars flaccida)

Pars tensa valvulae semilunaris

V. cava inf.

Septum interatriale, fossa ovalis

Valvulae v. cavae inf.

Cuspis septalis valvae tricuspidalis

Ostium sinus coronarii

A. coronaria dext.

Anulus fibrosus

Cuspis ant. valvae tricuspidalis

Cuspis post. valvae tricuspidalis

Trabecula septomarginalis

M. papillaris ant.

Chordae tendineae

M. PAPILLARIS POSTERIOR

Trabeculae carneae

Fig. 193. ATRIUM, OSTIUM ATRIOVENTRICULARE ET VENTRICULUS DEXTRI

(valva atrioventricularis dextra seu tricuspidalis)

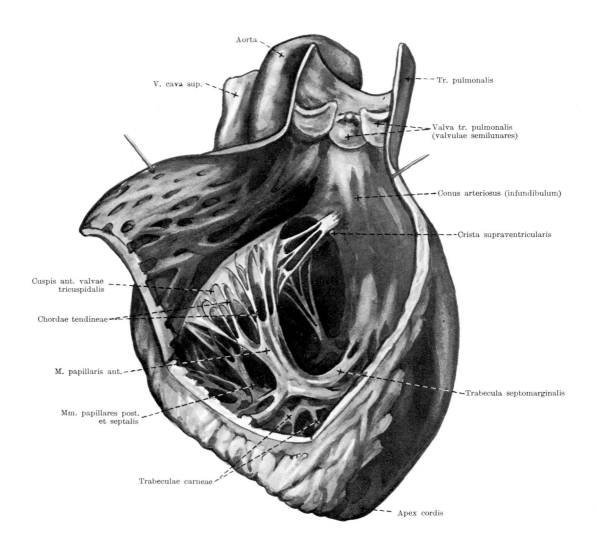

Aorta

V. cava sup.

Tr. pulmonalis

Valva tr. pulmonalis
(valvulae semilunares)

Conus arteriosus (infundibulum)

Crista supraventricularis

Cuspis ant. valvae
tricuspidalis

Chordae tendineae

M. papillaris ant.

Mm. papillares post.
et septalis

Trabecula septomarginalis

Trabeculae carneae

Apex cordis

Fig. 194. VENTRICULUS DEXTER ET OSTIUM TRUNCI PULMONALIS
(valva atrioventricularis dextra' et valva trunci pulmonalis)

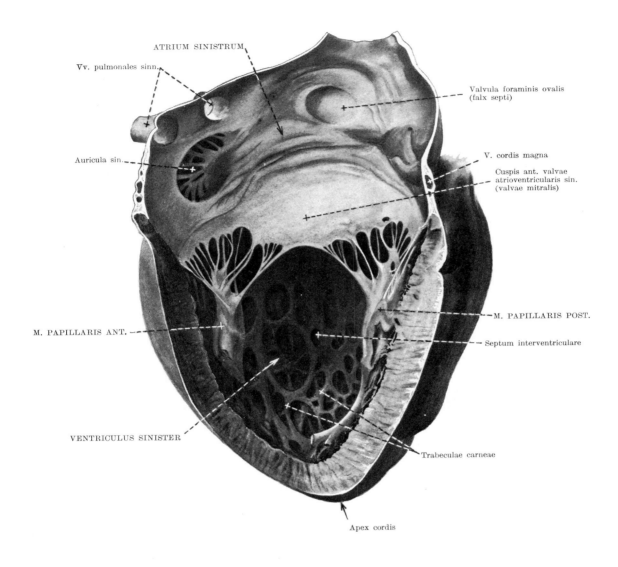

ATRIUM SINISTRUM

Vv. pulmonales sinn.

Valvula foraminis ovalis
(falx septi)

Auricula sin.

V. cordis magna

Cuspis ant. valvae
atrioventricularis sin.
(valvae mitralis)

M. PAPILLARIS POST.

M. PAPILLARIS ANT.

Septum interventriculare

VENTRICULUS SINISTER

Trabeculae carneae

Apex cordis

Fig. 195. ATRIUM, OSTIUM ATRIOVENTRICULARE ET VENTRICULUS SINISTRI
(valva atrioventricularis sinistra seu mitralis)

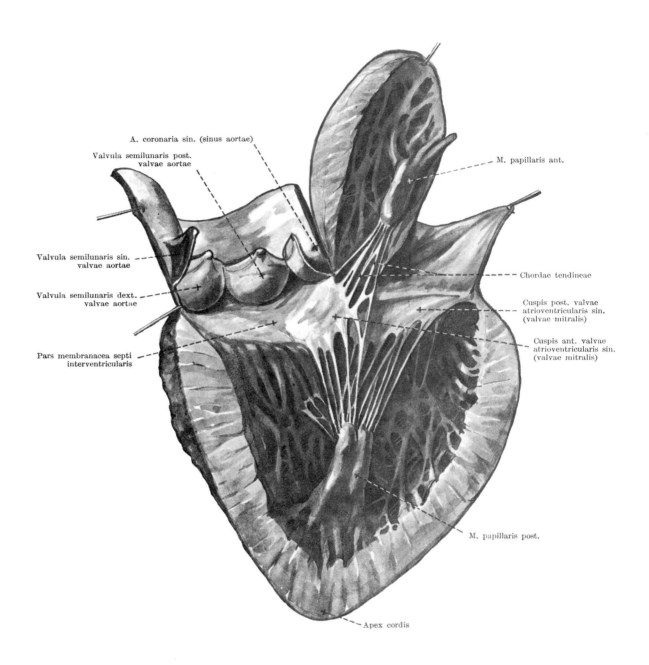

A. coronaria sin. (sinus aortae)

Valvula semilunaris post.
valvae aortae

M. papillaris ant.

Valvula semilunaris sin.
valvae aortae

Valvula semilunaris dext.
valvae aortae

Chordae tendineae

Cuspis post. valvae
atrioventricularis sin.
(valvae mitralis)

Cuspis ant. valvae
atrioventricularis sin.
(valvae mitralis)

Pars membranacea septi
interventricularis

M. papillaris post.

Apex cordis

Fig. 196. VENTRICULUS ET OSTIUM ATRIOVENTRICULARE SINISTRA ET OSTIUM AORTAE
(valva atrioventricularis sinistra et valva aortae)

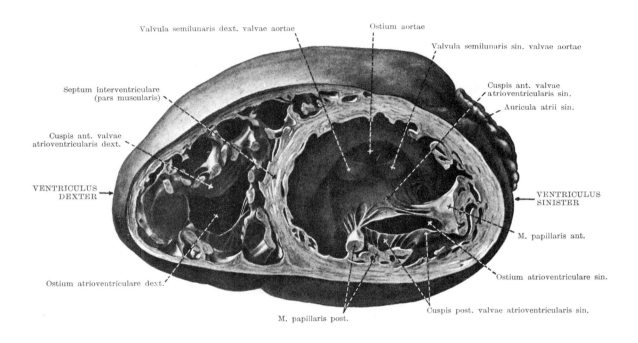

Fig. 197. VENTRICULI CORDIS
(sectio transversa, aspectus inferior)

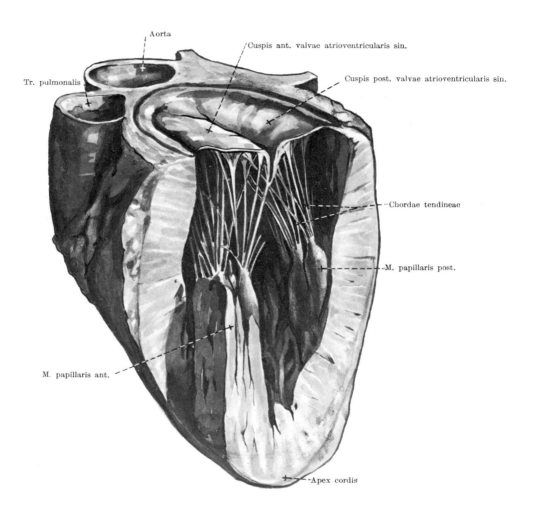

Fig. 198. OSTIUM ATRIOVENTRICULARE SINISTRUM ET VALVA OSTII
(valva mitralis et musculi papillares)

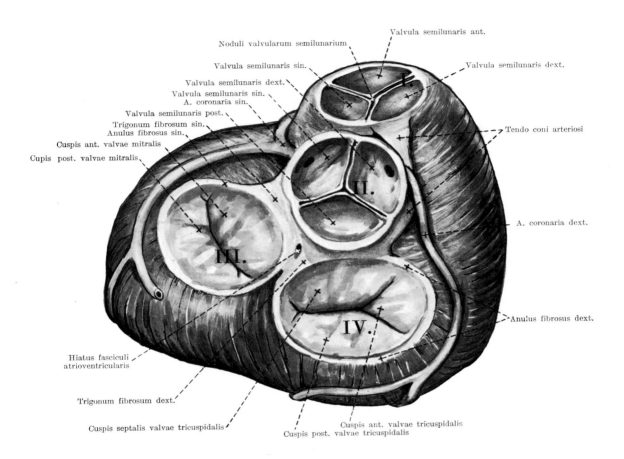

Valvula semilunaris ant.

Noduli valvularum semilunarium

Valvula semilunaris sin.

Valvula semilunaris dext.

Valvula semilunaris dext.
Valvula semilunaris sin.
A. coronaria sin.
Valvula semilunaris post.
Trigonum fibrosum sin.
Anulus fibrosus sin.
Cuspis ant. valvae mitralis
Cupis post. valvae mitralis

Valvula semilunaris dext.

Tendo coni arteriosi

A. coronaria dext.

Anulus fibrosus dext.

Hiatus fasciculi
atrioventricularis

Trigonum fibrosum dext.

Cuspis septalis valvae tricuspidalis

Cuspis ant. valvae tricuspidalis
Cuspis post. valvae tricuspidalis

I. Ostium trunci pulmonalis
II. Ostium aortae
III. Ostium atrioventriculare sinistrum
IV. Ostium atrioventriculare dextrum

Fig. 199. ANULI FIBROSI ET OSTIA CORDIS
(valvae atrioventriculares, trunci pulmonalis et aortae, sectio coronalis)

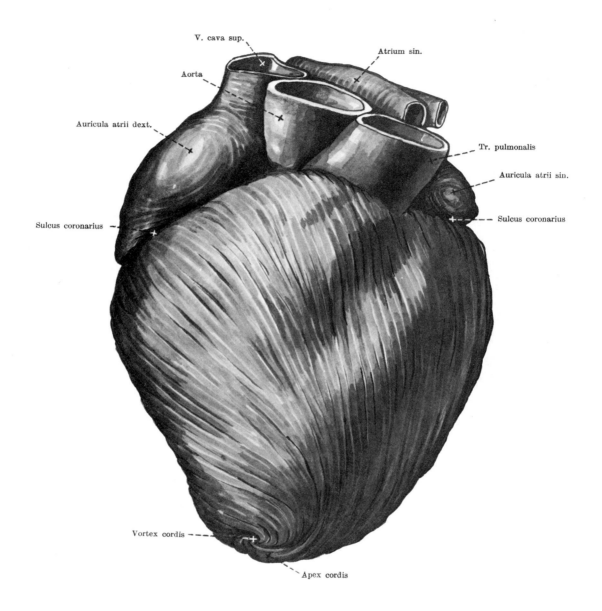

V. cava sup.

Atrium sin.

Aorta

Auricula atrii dext.

Tr. pulmonalis

Auricula atrii sin.

Sulcus coronarius

Sulcus coronarius

Vortex cordis

Apex cordis

Fig. 200. MYOCARDIUM I.
(stratum superficiale, aspectus anterior)

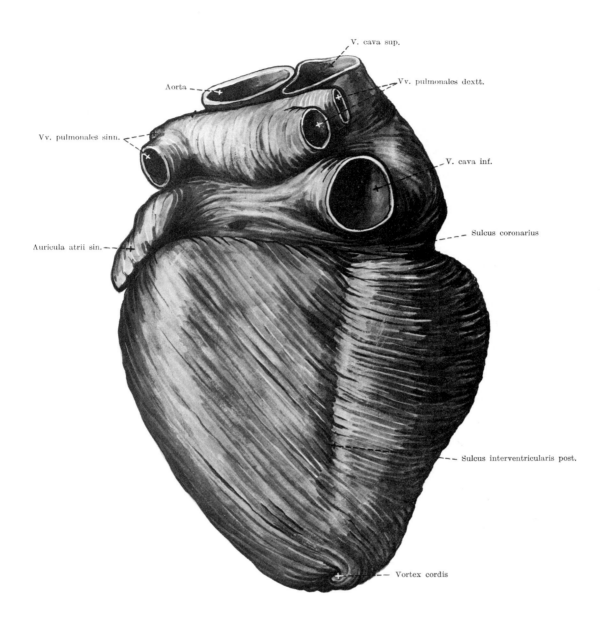

V. cava sup.

Aorta

Vv. pulmonales dextt.

Vv. pulmonales sinn.

V. cava inf.

Sulcus coronarius

Auricula atrii sin.

Sulcus interventricularis post.

Vortex cordis

Fig. 201. MYOCARDIUM II.
(stratum superficiale, aspectus posterior)

184

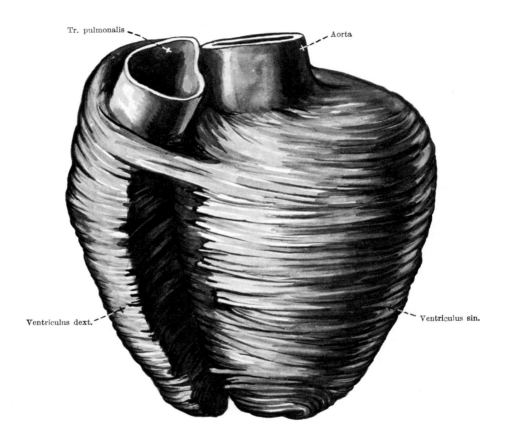

Fig. 202. MYOCARDIUM III.
(fibrae circulares)

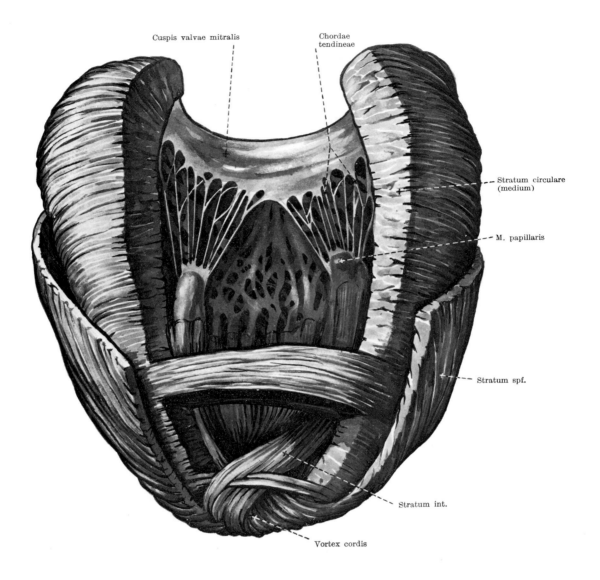

Cuspis valvae mitralis

Chordae
tendineae

Stratum circulare
(medium)

M. papillaris

Stratum spf.

Stratum int.

Vortex cordis

Fig. 203. MYOCARDIUM IV.
(structura ventriculi sinistri)

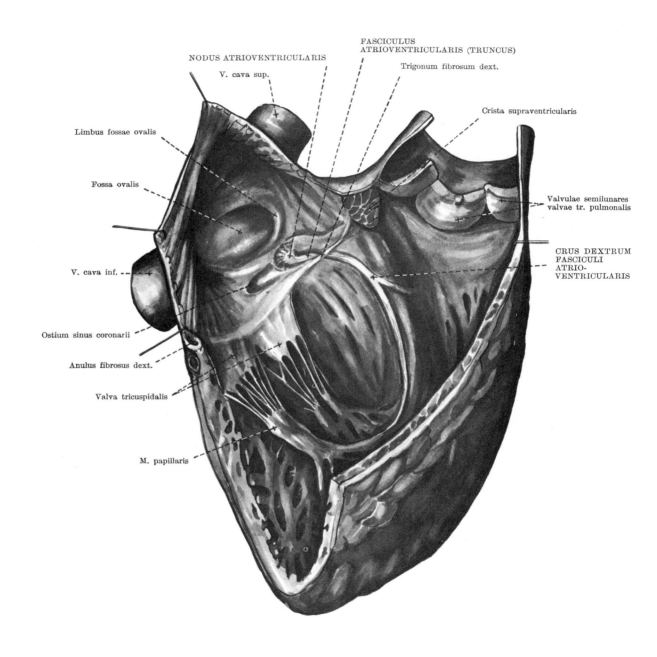

NODUS ATRIOVENTRICULARIS

V. cava sup.

FASCICULUS
ATRIOVENTRICULARIS (TRUNCUS)

Trigonum fibrosum dext.

Crista supraventricularis

Limbus fossae ovalis

Fossa ovalis

Valvulae semilunares
valvae tr. pulmonalis

V. cava inf.

CRUS DEXTRUM
FASCICULI
ATRIO-
VENTRICULARIS

Ostium sinus coronarii

Anulus fibrosus dext.

Valva tricuspidalis

M. papillaris

Fig. 204. NODUS ATRIOVENTRICULARIS ET FASCICULUS
ATRIOVENTRICULARIS CORDIS I.

(crus dextrum)

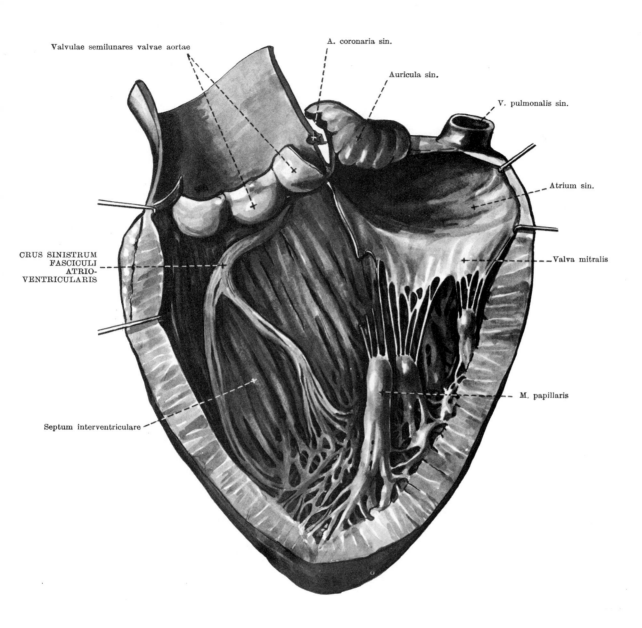

Valvulae semilunares valvae aortae

A. coronaria sin.

Auricula sin.

V. pulmonalis sin.

Atrium sin.

CRUS SINISTRUM FASCICULI ATRIO- VENTRICULARIS

Valva mitralis

M. papillaris

Septum interventriculare

Fig. 205. FASCICULUS ATRIOVENTRICULARIS CORDIS II.

(crus sinistrum)

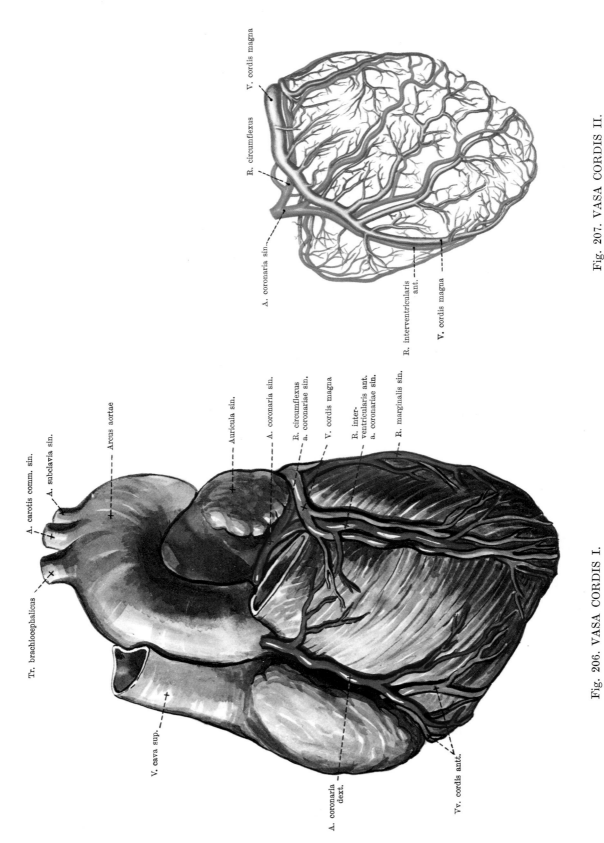

V. cordis magna

R. circumflexus

A. coronaria sin.

R. interventricularis ant.

V. cordis magna

Fig. 207. VASA CORDIS II.
(preparatum injectum et corrosum fecit F. Kádár)

A. carotis comm. sin.

A. subclavia sin.

Arcus aortae

Tr. brachiocephalicus

V. cava sup.

Auricula sin.

A. coronaria sin.

R. circumflexus
a. coronariae sin.

V. cordis magna

R. inter-
ventricularis ant.
a. coronariae sin.

R. marginalis sin.

A. coronaria dext.

Vv. cordis antt.

Fig. 206. VASA CORDIS I.
(aspectus anterior)

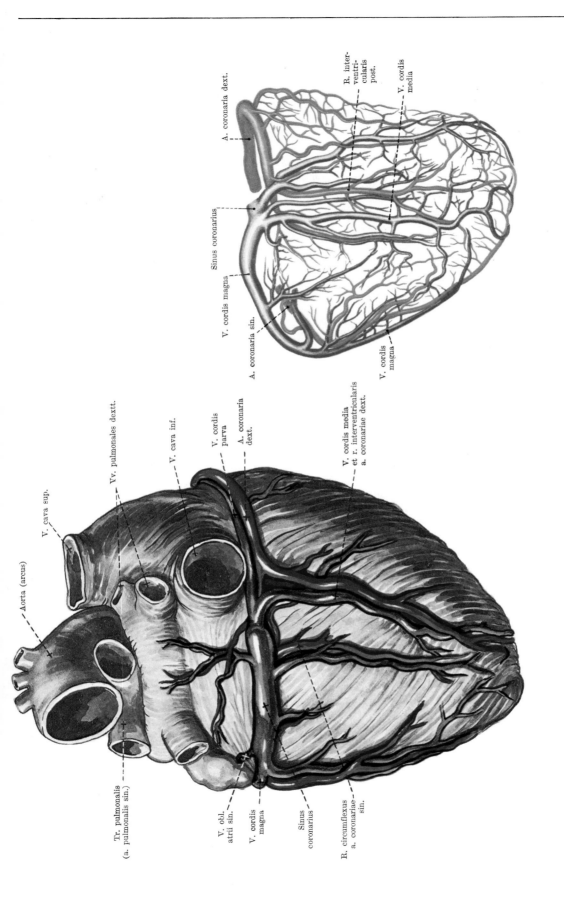

A. coronaria dext.

R. interventricularis post.

V. cordis media

Sinus coronarius

V. cordis magna

A. coronaria sin.

V. cordis magna

Fig. 209. VASA CORDIS IV.
(preparatum injectum et corrosum fecit F. Kádár)

V. cava sup.

Vv. pulmonales dextt.

V. cava inf.

V. cordis parva

A. coronaria dext.

V. cordis media et r. interventricularis a. coronariae dext.

Aorta (arcus)

Tr. pulmonalis (a. pulmonalis sin.)

V. obl. atrii sin.

V. cordis magna

Sinus coronarius

R. circumflexus a. coronariae sin.

Fig. 208. VASA CORDIS III.
(aspectus posterior)

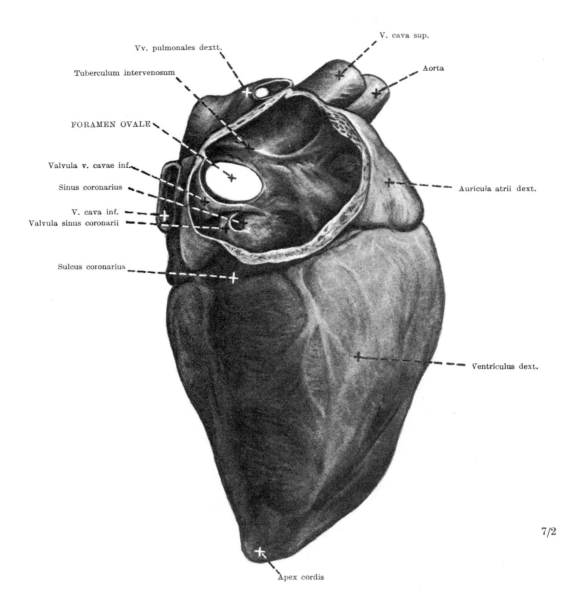

Vv. pulmonales dextt.

Tuberculum intervenosum

FORAMEN OVALE

Valvula v. cavae inf.

Sinus coronarius

V. cava inf.

Valvula sinus coronarii

Sulcus coronarius

V. cava sup.

Aorta

Auricula atrii dext.

Ventriculus dext.

7/2

Apex cordis

Fig. 210. COR FETALE
(septum interatriale cum foramine ovali)

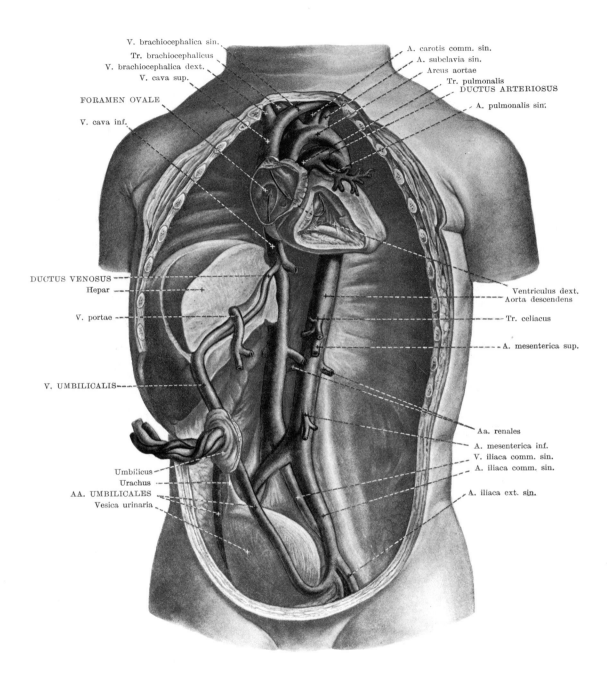

Fig. 211. CIRCULATIO FETALIS
(arteriae et vena umbilicales)

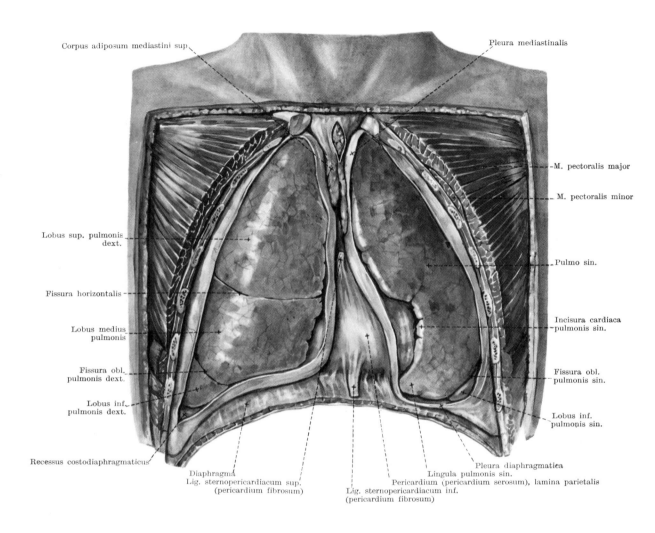

Corpus adiposum mediastini sup.

Pleura mediastinalis

M. pectoralis major

M. pectoralis minor

Lobus sup. pulmonis dext.

Pulmo sin.

Fissura horizontalis

Lobus medius pulmonis

Incisura cardiaca pulmonis sin.

Fissura obl. pulmonis dext.

Fissura obl. pulmonis sin.

Lobus inf. pulmonis dext.

Lobus inf. pulmonis sin.

Recessus costodiaphragmaticus

Pleura diaphragmatica

Lingula pulmonis sin.

Diaphragma

Pericardium (pericardium serosum), lamina parietalis

Lig. sternopericardiacum sup. (pericardium fibrosum)

Lig. sternopericardiacum inf. (pericardium fibrosum)

Fig. 212. SITUS CORDIS ET PERICARDIUM 1.

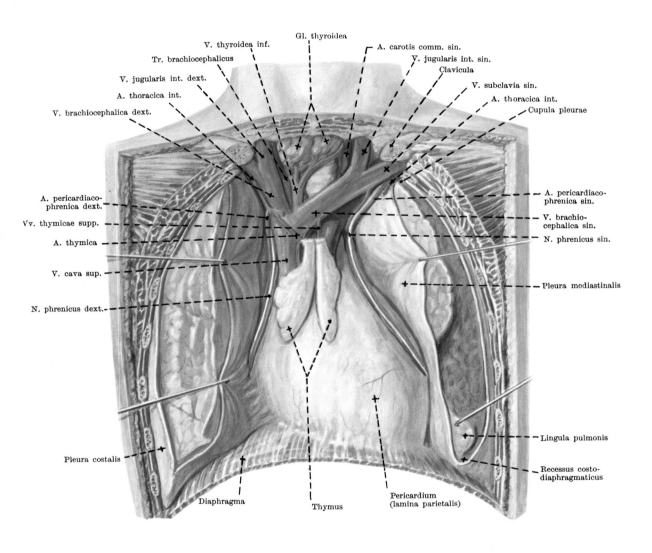

Fig. 213. SITUS CORDIS ET PERICARDIUM II.

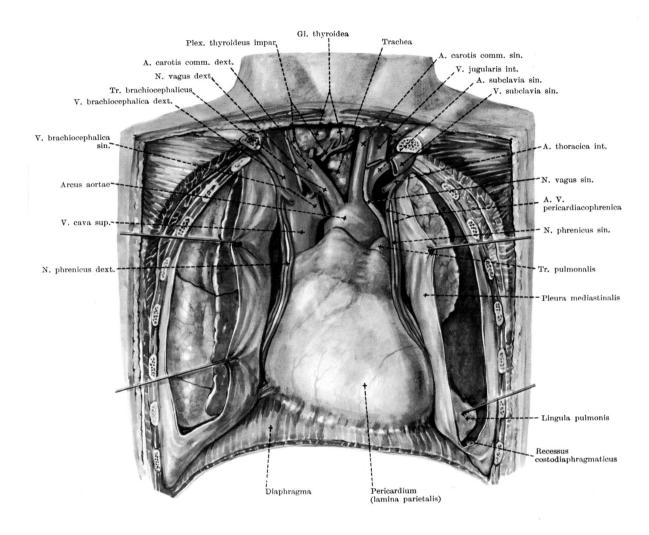

Fig. 214. SITUS CORDIS ET PERICARDIUM III.

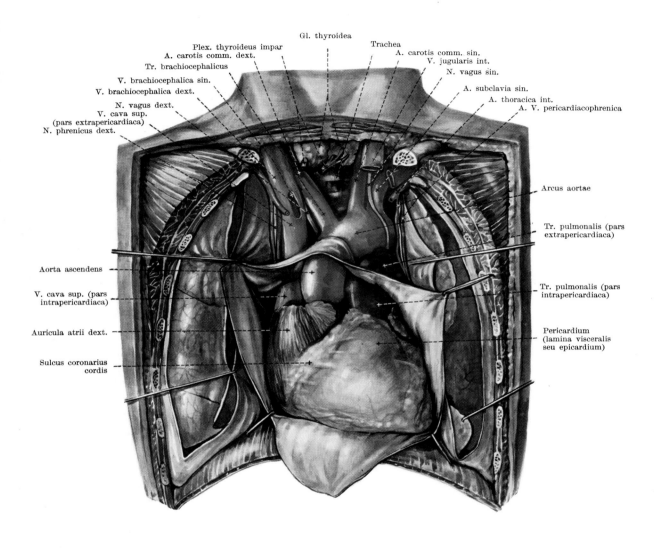

Gl. thyroidea

Plex. thyroideus impar
A. carotis comm. dext.
Tr. brachiocephalicus

Trachea
A. carotis comm. sin.
V. jugularis int.
N. vagus sin.

V. brachiocephalica sin.
V. brachiocephalica dext.

A. subclavia sin.
A. thoracica int.
A. V. pericardiacophrenica

N. vagus dext.
V. cava sup.
(pars extrapericardiaca)
N. phrenicus dext.

Arcus aortae

Tr. pulmonalis (pars
extrapericardiaca)

Aorta ascendens

Tr. pulmonalis (pars
intrapericardiaca)

V. cava sup. (pars
intrapericardiaca)

Auricula atrii dext.

Pericardium
(lamina visceralis
seu epicardium)

Sulcus coronarius
cordis

Fig. 215. SITUS CORDIS ET PERICARDIUM IV.

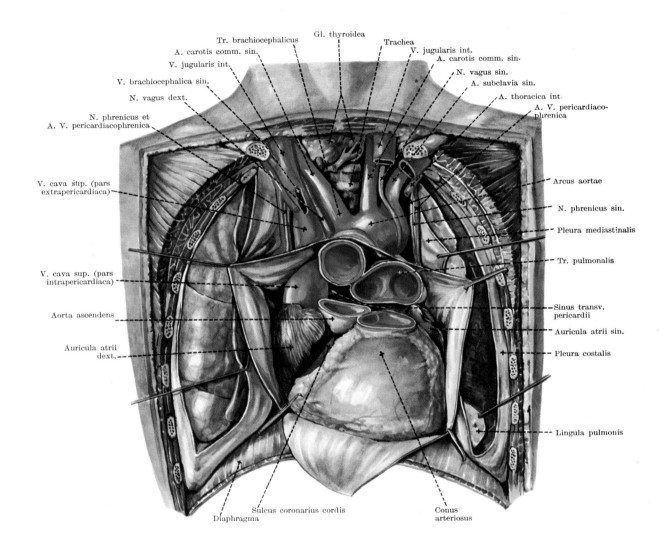

Fig. 216. SITUS CORDIS ET PERICARDIUM V.

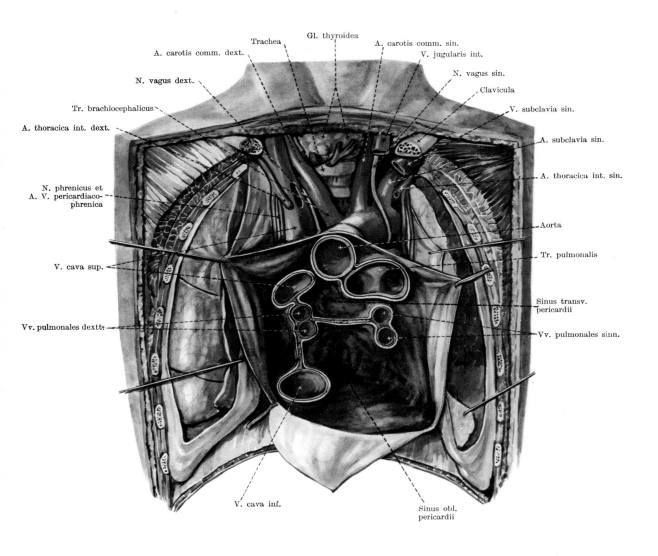

Fig. 217. SITUS CORDIS ET PERICARDIUM VI.

INDEX

In the index, arranged in alphabetical order, are all the Latin anatomical terms which are used in the captions and legends of this volume of the Atlas, and care has been taken to make these as inclusive as possible.

The terminology of the Atlas is based on the Nomina Anatomica Paris (1955) with the New York modifications of 1960, all this being in Roman type. In brackets after the PNA terms are the old equivalents of the Nomina Anatomica Basel (1895) and Nomina Anatomica Jena (1935), which were altered in the new terminology. The more important of these have also been arranged alphabetically in the index. Those expressions of the previous nomenclatures which have no equivalent in the PNA have also been included in brackets. Expressions which, however widely used in practice, do not occur officially in any of the three terminologies are marked in the index with an asterisk(*). The old form of words whose spelling alone has been altered in the New York revision are only listed separately in cases where their altered alphabetical order might cause difficulty.

The Arabic numbers of the index are those of the figures, those in italics referring to terms used in the captions or to important legends printed in capitals. The italic Roman numerals in the index of Volume III refer to the volume numbers.

A

abdomen, vide: cavum abdominis
acetabulum 135, 150, 169, 174
*acinus pulmonis 121
aditus laryngis 21, 31, 34, 39, 82, 96, 101, 102, 104
adnexum 167
ala magna, vide: ala major
— major ossis sphenoidalis, *ala magna ossis sphenoidalis* 24, 27, 87
— minor ossis sphenoidalis, *ala parva ossis sphenoidalis* 31, 32, 181
— nasi 2
— ossis ilii, *ala ossis ilium* 175, 176
— *parva*, vide: ala minor
alveolus (-i)
— dentales 13, 15
— — arcus inferioris *15*
— — — superioris 13
— dentis molaris permanentis II. 17
— pulmonum 121
ampulla (-ae)
— ductus deferentis 137, 141, 151, 152, 153
— hepatopancreatica 53
— recti *61*, 62, 143
— tubae uterinae 164, 165, 167, 168
*angioarchitectura renis *130—133*
angiologia *189—217*
angulus mandibulae 6, 22
— oris 2
*angustia aortica esophagi 39

*angustia cricoidea esophagi 39
*— diaphragmatica esophagi 39
annulus, vide: anulus
— *haemorrhoidalis*, vide: zona hemorrhoidalis
*ansae vasculosae spirales hypophyseos 183
anulus (-i)
— fibrosus (cordis) 193, *199*, 204
— — dexter 193, 199, 204
— — sinister 199
— inguinalis superficialis, *annulus inguinalis subcutaneus* 149
anus 80, 154, 171, 172, 173
aorta, vide etiam: arcus, bulbus aortae 37, 38, 134, 189, 193, 194, 198, 200, 201, 202, 208, 210, 217
— abdominalis *52*, 74, 78, 79, 81, 117, 134
— ascendens 117, 192, 215, 216
— descendens, vide etiam: aorta abdominalis, thoracica 117, 211
— thoracica, *aorta thoracalis* 110, 120
apertura (-ae)
*— cellularum posteriorum sinus ethmoidalis 86
— sinus sphenoidalis 86
apex cartilaginis arytenoideae 31, 94, 99
— cordis 117, 190, 191, 192, 194, 195, 196, 198, 200, 210
— linguae *21*, 22, 26, 88
— nasi 2
— prostatae 136, 137, 151
— pulmonis 82, 109, 110, 111, 117, 118
— — dextri 118

apex pulmonis sinistri 118, 119
— radicis dentis 10
— vesicae urinariae, *vertex vesicae urinariae 136, 137,* 138, *139,* 140, 141, 143
aponeurosis musculi obliqui externi abdominis 148
apparatus digestorius seu systema digestorium *1—67*
— respiratorius seu systema respiratorium *82—118*
— urogenitalis seu systema urogenitale *122—180*
appendix (-ices)·
— epididymidis 145, 146, 148
— epiploicae 48, 49, 50, 74, 75, 78
— fibrosa hepatis 63, 64, 65, 73, 76
— testis 141, 143, 144, 149
— *ventriculi laryngis,* vide: sacculus laryngis
— vermiformis, *processus vermiformis* 1, 48, 49, 50, *57,* 58, 74, 75, 78
— vesiculosa, *appendix vesiculosa (Morgagnii)* 168
arcus (-us)
— alveolaris mandibulae *15*
— — maxillae 13
— anterior atlantis 26, 86, 88
— aortae *37, 38,* 109, 117, 120, 190, 191, 206, 208, 211, 214, 215, 216
— cartilaginis cricoideae 26, 88, 91, 99, 100, 104, 106
— dentales 7
— — inferior 6, 7, 14, *17,* 36
— — superior 5, 7, *12,* 16
— *glossopalatinus,* vide: arcus palatoglossus
— *lumbocostalis medialis,* vide: ligamentum arcuatum mediale
— palatoglossus, *arcus glossopalatinus* 21, 29, 30
— palatopharyngeus, *arcus pharyngopalatinus* 29, 30, 34, 96
— *pharyngopalatinus,* vide: arcus palatopharyngeus
— posterior atlantis 36
— tendineus fasciae pelvis 138
— — musculi levatoris ani 135, 138, 151, 175, 176
— zygomaticus 23, 24, 27, 31, 32, 33, 35, 87
area cribrosa papillae renalis 128
— nuda hepatis, *pars affixa hepatis* 64
areola mammae 178, 179
arteria (-ae)
— alveolaris inferior 27, 36
— *anonyma,* vide: truncus brachiocephalicus
— arcuata 129, 130
— *bronchiales,* vide: rami bronchiales
— bulbi penis, *a. bulbi urethrae* 135, 159
— — *urethrae,* vide: arteria bulbi penis
— carotis 189
— — communis dextra 37, 38, 109, 110, 117, 214, 215, 217
— — — sinistra 37, 38, 109, 110, 117, 185, 190 191, 206, 211, 213, 214, 215, 216, 217
— — externa 23, 27, 36, 38
— — interna 23, 25, 36, 38, 181
— — —, *syphon 181
— cerebri anterior 181
— cervicalis ascendens 38
— — superficialis (var.) 38
— *coeliaca,* vide: truncus celiacus
— colica dextra 49
— — media 49
— coronaria dextra 193, 199, 206, 208, 209
— — sinistra 196, 199, 205, 206, 207, 209
— cystica 52, 53
— dorsalis penis 158, 159, 160, 162, 163
— — — dextra 150, 158
— — — sinistra 150
— ductus deferentis, *a. deferentialis* 146
— epigastrica inferior 135
— facialis, *a. maxillaris ext.* 27
— femoralis 135
— gastrica sinistra 51, 52, 53, 134
— gastroduodenalis 51, 52, 53, 81
— *haemorrhoidalis,* vide: arteria rectalis

arteriae helicinae 159, 163
— hepatica communis 53, 134, 189
— — propria 51, 52, *53,* 65, 81
— *hypogastrica,* vide: arteria iliaca interna
*— hypophysialis inferior 183
*— — superiores 183
— iliaca communis 51, 52, 122, 134, 176, 189, 211
— — — sinistra 211
*— — externa 122, 189, 211
— — — dextra 211
— — interna, *a. hypogastrica* 122, 189
— *intercostalis,* vide: arteria intercostalis posterior
— — posterior, *a. intercostalis* 38, 110, 180
*— interlobaris renis 128, 129, 130
*— interlobularis hepatis 69
*— — renis 128, 130, 132
— lienalis 51, 52, 53, 71, 72, 79, 80, 134
— *mammaria interna,* vide: arteria thoracica interna
— maxillaris, *a. maxillaris interna* 27, 31
— — *externa,* vide: arteria facialis
— — *interna,* vide: arteria maxillaris
— meningea media 27
— mesenterica 181
— — inferior 51, 52, 122, 134, 211
— — superior 49, 51, 52, 53, 122, 134, 211
— ovarica 167
— pericardiacophrenica 213, 214, 215, 216, 217
— — dextra 213
— — sinistra 213
— phrenica inferior 51, 52, 53, 122
*— polaris inferior renis 129
*— — superior renis 129
— profunda penis 155, 158, 159, 160, 162, 163
— pudenda interna, *a. pudendalis int.* 135, 159
— *pulmonalis,* vide: truncus pulmonalis
— —, *r. a. pulmonalis* 121, 189
— — dextra, *r. dext. a. pulmonalis* 112
— — sinistra, *r. sin. a. pulmonalis* 111, 120, 190, 191, 208, 211
— rectalis superior, *a. haemorrhoidalis sup.* 51, 52
— renalis 53, 122, 123, 124, 125, *129,* 134, 188, 211
— — dextra 122
— — sinistra 122
*— renis *130, 132, 133*
— sacralis mediana 134
— *spermatica interna,* vide: arteria testicularis
— subclavia 189
— — dextra 37, 38, 109, 110, *117*
— — sinistra 37, 38, 109, 110, 117, 120, 190, 191, 206, 211, 214, 215, 216, 217
— suprarenalis 188
— — inferior 122, 188
— — media 122
— suprascapularis, *a. transversa scapulae* 38
— temporalis superficialis 27, 35
— testicularis, *a. spermatica int.* 51, 52, 134, 135, 146, 148
— — dextra 122
— — sinistra 122
— thoracica interna, *a. mammaria int.* 37, 38, 213, 214, 215, 216, 217
— — — dextra 217
*— thymica 213
— thyroidea inferior 38
— — superior 23, 27
*— trabecularis 72, 183
*— — hypophyseos 183
*— — lienalis 72
— transversa colli 37, 38
— — *scapulae,* vide: arteria suprascapularis
— umbilicalis *211*
— urethralis 158, 160, 162, 163
— uterina 167, 168, 170
— vertebralis 36, 37, 38 117
*arteriola recta spuria 133

articulatio (-nes)
— cricoarytenoidea *98*
— cricothyroidea *97*, *98*
*— laryngis *97*, *98*, *99*
— sacroiliaca 175
atlas, vide etiam: arcus anterior, posterior atlantis 36
atrium dextrum 189, 191, *192*, *193*
— sinistrum 189, 191, *195*, 200, 205
auricula atrii dextri, *auricula dextra* 190, 192, 193, 200, 210
— — sinistri, *auricula sinistra* 190, 195, 197, 200, 201, 205, 206, 216
— *cordis*, vide: auricula atrii
axis, *epistropheus* 26, 36, 86, 88, 117

B

basis cartilaginis arytenoideae 93, 94
— *glandulae suprarenalis*, vide: facies renalis
— mandibulae 32
— *nasi* 2
— ossis sacri 175
— prostatae 136, 137
— pulmonis 109, 118
— pyramidis renalis 126
bifurcatio tracheae 82, 106, 107, 113
brachium colliculi inferioris, *brachium quadrigeminum inf.* 184
— — superioris, *brachium quadrigeminum sup.* 184
— *quadrigeminum*, vide: brachium colliculi
bronchiolus 121
— respiratorius 121
bronchus (-i)
— *dexter*, vide: bronchus principalis dexter
— lingularis inferior 113
— — superior 113
— lobaris, *r. bronchialis lobi* 82, 106, 113
— — inferior pulmonis dextri 82, 113
— — — sinistri 82, 106, 113
— — medius 82, 113, 116
— — superior pulmonis dextri 82, 113
— — — sinistri 82, 105, 113
— principalis 113
— — dexter, *bronchus dext.* 37, 38, *82*, 106, 107, 112, 113, 115, 116
— — sinister, *bronchus sin.* 38, *82*, 106, 107, 111, 113, 120
— segmentales, *rr. bronchiales bronchorum* 38, 106, 113, 115, 116
— — anterior pulmonis dextri 113, 115
— — — sinistri 113
— — apicalis lobi superioris pulmonis dextri 113
— — — superioris pulmonis sinistri 113
— — (superior) lobi inferioris pulmonis dextri 113, 115
— — — — lobi inferioris pulmonis sinistri 113
— — apicoposterior 113
— — basalis anterior pulmonis dextri 113
— — — — pulmonis sinistri 113
— — — lateralis pulmonis dextri 113
— — — — pulmonis sinistri 113
— — — medialis (cardiacus) 113, 116
— — — posterior pulmonis dextri 113
— — — — pulmonis sinistri 113
— — lateralis 113
— — medialis 113, 116
— — posterior pulmonis dextri 113
— — — — sinistri 113
— *sinister*, vide: bronchus principalis sinister
bucca seu mala 2
bulbus aortae 37
— penis, *bulbus urethrae* 135, 140, 141, *142*, 143, 155, 156, 159
— *urethrae*, vide: bulbus penis
— vestibuli 169

bulla ethmoidalis 86
bursa omentalis, vide etiam: *cavum proprium, recessus inferior, lienalis et superior, vestibulum bursae omentalis 77, 78, 80, 81

C

caecum, vide: cecum
calyx (-ces)
— renales 122, 129, 141
— — majores 126, 128, 141
— — minores 128, 141
canalis (-es)
— analis *61*
— caroticus 31
— cervicis uteri 168, 169
— incisivus 23, 86
— inguinalis 166
— mandibulae 6, 28, 31, 33
— obturatorius 150
— palatinus major, *canalis pterygopalatinus* 23
— pudendalis, *canalis pudendalis (Alcocki)* 135, 159
— radicis dentis 11
— sacralis 175, 176
capsula adiposa renis 52, 53, 81, 122, 134
— articularis cricoarytenoidea 98
— — cricothyroidea 98
— fibrosa renis, *tunica fibrosa* 125, 126, 134
— prostatae 138
— renis *134*
caput epididymidis 141, 144, 145, 146, 147, 148, 149
— mandibulae, *capitulum mandibulae* 14, 15
— pancreatis *45*, 51, 52, 79
cardia, vide: ostium cardiacum
*carina epiglottidis 95, 98, 105
cartilago (-ines)
— alaris major 83, 84, 85, 86
— — minor 84, 85
— arytenoidea 26, 88, *93*, *94*, 98, 99, 101
— corniculata, *cartilago corniculata (Santorini)* 26, 88, 93, 94, 98, 99, 103
— cricoidea 33, 82, *91*, *92*, 97, 98, 99, 100, 101, 102, 103, 105, 106
— cuneiformis 99
— epiglottica *95*, 98
— nasalis accessoria, *cartilago sesamoidea nasi* 85
— nasi *84*, *85*
— — lateralis 84, 85, 86
— septi nasi 83, 84
— thyroidea 28, 82, *89*, *90*, 97, 98, 99, 100, 101, 102, 103, 104, 105, 185, 186
— tracheales 97, 98, 100, 101, 102, 103, 104, 105, 106, 107, 108
— — I. 97
— triticea 98, 99, 100, 101, 103
— tubae auditivae 25
caruncula (-ae)
— hymenales 171
— sublingualis 22
*— urethrales 139
cauda epididymidis 146, 147, 148
— pancreatis 1, *45*, 46, 51
cavernae corporis cavernosi penis 161, 162
cavum abdominis *80*, *81*
*— esophagi *26*
— infraglotticum *104*, *105*
— laryngis 88, *104*, *105*
— nasi *82*, *86*, *87*, *88*
— oris 26, 29, 87, 88
— — proprium 26, 86, 87, 88
— pelvis *164*
— peritonei 73, 74, 75, 76, 77, 78, 79, *80*
— pharyngis *26*, *34*, 88
— pleurae *120*

*cavum proprium bursae omentalis *75, 77*, 81
*— tracheae *88*, 105
— uteri 168, 169
cecum, *intestinum caecum* 1, 48, 49, *50, 57*, 58, 74, 75, 78
cellulae ethmoidales, vide: cellulae (sinus) ethmoidalis
— (sinus) ethmoidalis, *cellulae ethmoidales* 86, *87*
cementum, *substantia ossea dentis* 11
centrum tendineum perinei 155, 172, 173, 175
cerebellum 181
cervix, vide: collum
— uteri, vide etiam: portio supravaginalis, vaginalis cervicis uteri 164, 168
chiasma opticum 181, 183
choana 31, 82
*cholecysta (gr.), vide: vesica fellea
chordae tendineae 193, 194, 196, 198, 203
cisterna chiasmatis 182
clavicula 117, 185, 213, 217
*cleidos (gr.), vide: clavicula
clitoris *164*, 172, *177*
clivus 26, 31, 32, 88
colliculus (-i)
— cartilaginis arytenoideae 93, 94
— inferior 181, 184
— seminalis 140
— superior 181, 184
collum (cervix) dentis 10
*— glandis clitoridis, *sulcus coronarius glandis clitoridis 177
— — penis 141, 150, 157
— mandibulae 14, 15
— vesicae felleae 53, 65, 81
colon ascendens 1, 48, 49, *50, 57*, 58, 78
— descendens 1, 48, 49, *50*, 74, 75, 78
— sigmoideum 1, *50*, 74, 75, 78, 142
— transversum 1, 48, 49, *50*, 74, 80
*colpos (gr.), vide: vagina
columna (-ae)
— anales, *columnae rectales (Morgagnii)* 62, 143
— *rectales*, vide: columnae anales
— renales, *columnae renales (Bertini)* 126
— rugarum 172
commissura anterior telencephali 181
— labiorum oris 2
— — pudendi anterior 171
— — — posterior 171
— posterior telencephali 184
*— valvae ileocecalis, *commissura valvulae coli seu ileocaecalis* 58
concha nasalis inferior 26, 82, 86, 87, 88
— — media 26, 82, 86, 87, 88
— — superior 26, 86, 87, 88
conus arteriosus seu infundibulum 190, 194, 216
— elasticus 99, 102, 103, 105
cor *189—217*
cornu inferius cartilaginis thyroideae 89, 90, 97, 98, 100, 101
— majus ossis hyoidei 23, 28, 31, 32, 38, 97, 98, 99, 100, 101, 102, 103, 186, 187
— minus ossis hyoidei 97, 98, 99, 100, 101, 102, 103, 186
— superius cartilaginis thyroideae 31, 89, 90, 97, 98, 99, 100, 101, 102, 103
corona dentis 7, 10
*— glandis clitoridis 177
— — penis 150, 155, 157, 158
corpus adiposum buccae, *corpus adiposum buccae (Bichat)* 36, 87
*— — fossae ischiorectalis 172
*— — laryngis 103, 104
*— — mammae 180
*— — mediastini superioris 212
*— — orbitae 87
*— — subcutaneum 169

corpus callosum, vide etiam: genu, splenium corporis callosi 181
— cavernosum penis 140, *142, 143*, 150, 154, 155, 159, 160, 161, 162, 163
— clitoridis 177
— epididymidis 145, 146, 148
— geniculatum laterale 184
— — mediale 184
— linguae 21
— luteum 168
— mammae 179
— mandibulae 6
— ossis hyoidei 186
— — sphenoidalis 23
— pancreatis 45, 46, *51*, 52, 77, 79
— penis 140, *150*, 154, 157
— pineale *181, 184*
— spongiosum penis, *corpus cavernosum urethrae* 141, *143*, 150, 154, 155, 156, 158, 160, 162
— ventriculi *40, 41, 42, 43, 44*
— vesicae felleae 51, 53, 65
— — urinariae *128, 130*, 136, *138*, 151
*corpusculum lienale 74
— renis, *corpusculum renis (Malpighii)*, vide: glomerulus
*cortex corticis renis (Hyrtl) 126
— glandulae suprarenalis, *substantia corticalis* 188
— renis, *substantia corticalis 126*
costa (-ae)
— I. 117, 118, 119
— II. 117, 118, 119, 120
— III. 117, 118, 119, 120, 180
— IV. 119, 120, 180
— V. 119, 120, 180
— VI. 119, 120, 180
— VII. 119, 120, 180
— VIII. 119, 120
— IX. 119, 120
— X. 117, 118, 119, 120, 134
— XI. 117, 118, 119, 120, 134
— XII. 118, 119, 120, 134
crista (-ae)
— arcuata cartilaginis arytenoideae 94
— galli 26, 83, 88
— iliaca 40, 73, 134, 135, 142
— nasalis 82
— palatina 12, 13, 16
— sacralis mediana, *crista sacralis media* 176
— supraventricularis 194, 204
— terminalis 192, 193
— tympanica 23
— urethralis 140
crus cerebri 181, 184
— clitoridis 169, 177
— dextrum fasciculi atrioventricularis *204*
— — partis lumbalis diaphragmatis, *pars lumbalis diaphragmatis* 82, 117
— laterale anuli inguinalis superficialis, *crus inf. annuli inguinalis subcutanei* 149
— — cartilaginis alaris majoris 84, 85
— mediale anuli inguinalis superficialis, *crus sup. annuli inguinalis subcutanei* 149
— — cartilaginis alaris minoris 84, 85
— penis 135, 140, 141, 155, 156, 159
— sinistrum fasciculi atrioventricularis *205*
— — partis lumbalis diaphragmatis, *pars lumbalis diaphragmatis* 134
cupula pleurae 117, 119, 120, 213
curvatura ventriculi major 40, 41, 42, 43, 44, 47, 73, 76, 77, 78, 80
— — minor 40, 41, 42, 43, 44, 80
cuspis anterior valvae atrioventricularis dextrae seu valvae tricuspidalis, *cuspis ant. valvulae tricuspidalis* 192, 193, 194, 199

cuspis anterior valvae atrioventricularis sinistrae seu valvae mitralis, *cuspis ant. valvulae bicuspidalis seu mitralis* 195, 196, 197, 199, 203
— — — mitralis, vide: cuspis anterior valvae atrioventricularis sinistrae
— — — tricuspidalis, vide: cuspis anterior valvae atrioventricularis dextrae
— *medialis*, vide: cuspis septalis
— posterior valvae atrioventricularis dextrae seu valvae tricuspidalis, *cuspis post. valvulae tricuspidalis* 192, 193, 199
— — — — sinistrae seu valvae mitralis, *cuspis post. valvulae bicuspidalis seu mitralis* 196, 197, 198, 199, 203
— septalis valvae atrioventricularis dextrae seu valvae tricuspidalis, *cuspis med. valvulae tricuspidalis* 192, 193, 199
— — — tricuspidalis, vide: cuspis septalis valvae atrioventricularis dextrae
cutis mammae 180
— penis 150, 156, 162
— scroti *148*, 149
*cysta (gr.), vide: vesica

D

dens (-tes) 8, 9
— axis, *dens epistrophei* 36
— caninus 5, 6, 7, 8, 9, 12, 14, 18, 30
— — deciduus 16, 17, 18
— decidui *16*, *17*, 18, *19*
— incisivi 8, 9, 30
— — I. 5, 6, 7, 12, 14, 18
— — II. 5, 6, 7, 12, 14, 18, 28, 24
— — deciduus lateralis 16, 17, 18
— — — medialis 16, 17
— molares 8, 9, 30
— — I. 5, 6, 12, 14, 18
— — II. 5, 6, 12, 14, 18
— — III., dens serotinus seu *dens sapientiae 5, 6, 12, 14
— — deciduus I. 16, 17, 18
— — — II. 16, 17, 18
— — — permanens I. 16, 17, 18
— permanentes *18*, *20*
— premolares 8, 9, 30
— — I. 5, 6, 7, 12, 14, 18, 23
— — II. 5, 6, 7, 12, 14, 18
*— sapientiae, vide: dens molaris III.
— serotinus, vide: dens molaris III.
dentinum, *substantia eburnea* 11
diaphragma, vide etiam: crus dextrum, sinistrum, pars costalis, lumbalis diaphragmatis 38, 50, 51, 52, 53, 73, 76, 81, 82, 109, 118, 119, 120, 122, 134, 185, 212, 213, 214, 216
*— oris, vide etiam: musculus mylohyoideus 1
— pelvis 154, 169, 173, 174
— sellae 25, 182, 183
— urogenitale 135, 151, *154*, 155, 156, 169, *173*
dorsum linguae *21*, 26, 28, 88
— nasi 2
— sellae 26, 32, 86, 88, 182
ductuli biliferi interlobulares, *ductus biliferi* 69
— efferentes testis 147
— epoophori transversi 168
— prostatici, *ductus prostatici* 140
ductus (-us)
— alveolaris 121
— arteriosus, *ductus arteriosus (Botalli)* 211
— choledochus 1, 46, 52, 53, 79, 81
— cysticus 52, *53*, 65
— deferens 75, 135, 136, 137, 138, *141*, *142*, 146, 147, 148, *151*, *152*, *153*
— ejaculatorius 137, 141, 143, 152, 153
— epididymidis 147

ductus epoophori longitudinalis 168
— excretorius glandulae bulbourethralis 141, 142
— — vesiculae seminalis 152, 153
— hepaticus 51, 52, *53*, 65, 81
— lactiferi 180
— nasolacrimalis 86
— pancreaticus, *ductus pancreaticus (Wirsungi), ductus pancreaticus major* 1, 46, 52, 53
— — accessorius, *ductus pancreaticus accessorius (Santorini)* 46, 52, 53
— parotideus 35, 87
— sublingualis 27
— — major 22
— — minor 22, 27
— submandibularis, *ductus submaxillaris (Whartoni)* 22, 23, 27, 28
— *submaxillaris*, vide: ductus submandibularis
— thoracicus 117
— venosus, *ductus venosus (Arantii)* 211
duodenum, vide etiam: pars ascendens, descendens, horizontalis, superior dudodeni *1*, *45*, *46*, 49, 50, 51, 52, 53, 80, 81
dura mater encephali 87, 181, 182
— — spinalis 36, 86

E

enamelum, *substantia adamantina dentis* 11
endometrium, vide: tunica mucosa uteri
epicardium, vide: lamina visceralis pericardii serosi
epididymis, vide etiam: caput, cauda, corpus epididymidis *141*, *143 — 147*
epiglottis, vide etiam: cartilago epiglottica 21, 26, 31, 34, 38, 39, 88, 95, 96, 97, 99, 100, 101, 102, 103, 104, 105
epiorchium, vide: lamina visceralis tunicae vaginalis testis
esophagus, *oesophagus 1*, 26, 28, 32, 33, 34, *37*, *38*, *39*, 41, 42, 43, 44, 51, 52, 53, 73, 79, 96, 104, 109, 110, 117, 122, 187
excavatio rectouterina, *excavatio rectouterina (cavum Douglasi)* 80, 164, 165, 167
— rectovesicalis 142, 143
— vesicouterina 80, 164, 165
extremitas anterior lienis, *extremitas inf.* 70, 71
— *inferior lienis*, vide: extremitas anterior
— — renis 123, 124, 125, 126
— — testis 144
— posterior lienis, *extremitas sup.* 70, 71
— *superior lienis*, vide: extremitas posterior
— — renis 123, 124, 125
— — testis 144, 145
— tubaria ovarii 165
— uterina ovarii 165

F

facies (-es)
— anterior glandulae suprarenalis 188
— — prostatae 136
— — renis 123, 124
— articularis arytenoidea cartilaginis cricoideae 9, 92, 102
— — cricoidea cartilaginis arytenoideae 89, 90, 93
— — — — thyroideae 89, 90
— — thyroidea cartilaginis cricoideae 91, 92, 102, 106
— colica lienis 71
— contactus dentium *10*, 12
— costalis pulmonis *109*, *110*, *115*
— — — dextri 115
— diaphragmatica cordis 191

facies diaphragmatica hepatis, *facies superior hepatis*,
    vide etiam: partes anterior, dextra, posterior,
    sinistra faciei diaphragmaticae hepatis 63, 64, 73
— — lienis 70
— — pulmonis *111, 112*
— gastrica lienis 71
— *inferior hepatis*, vide: facies visceralis
— lateralis testis 145, 148
— lingualis dentium 9
— medialis cartilaginis arytenoideae 93
— — pulmonis dextri, *facies mediastinalis pulmonis
    dext. 112, 116*
— — — sinistri, *facies mediastinalis pulmonis sin.
    111*
— *mediastinalis pulmonis*, vide: facies medialis
— occlusalis dentium *12, 14*
— orbitalis maxillae 5
— posterior cartilaginis arytenoideae 93
— — glandulae suprarenalis 188
— — prostatae 137
— — renis 125
— pulmonalis cordis, *margo obtusus cordis 190, 191
— renalis glandulae suprarenalis, *basis gl. supra-
    renalis 188*
— — lienis 71
— sternocostalis cordis 190
— *superior hepatis*, vide: facies diaphragmatica,
    partes anterior, dextra, posterior, sinistra
— vestibulares dentium 8, 14
— visceralis hepatis, *facies inf. hepatis* 63, 73, 76, 78
— — lienis 71
falx cerebri 181
— septi, vide: valvula foraminis ovalis
fascia (-ae)
— clavipectoralis, *fascia pectoralis profunda, fascia
    coracoclavipectoralis* 180
— *colli*, vide: lamina pretrachealis, prevertebralis
    fasciae cervicalis
— cremasterica *148, 149, 150*
— diaphragmatis pelvis inferior 169
— — — superior 135, 169
— — urogenitalis inferior 135, 154, 169, 172, 173,
    176
— — — superior 135, 151, 169, 176
— iliaca 169
— masseterica, *fascia parotideomasseterica* 87
— musculi quadrati lumborum 134
— — temporalis 87
*— nuchae profunda 36
— obturatoria 161, 167, 169, 175
— *parotideomasseterica*, vide: fascia masseterica
— pectoralis, *fascia pectoralis spf.* 180
*— — profunda, vide: fascia clavipectoralis
— pelvis 151
— — parietalis 138, 151, 175
— — visceralis 151, 176
— penis profunda 154, 162
— — superficialis 149, 150, 154, 156, 162
— perinei superficialis 169
— pharyngobasilaris 24, 32, 33
*— prerenalis *134*
— prostatae 138, 151
*— renalis 81, *134*
*— retroduodenalis 134
*— retrorenalis 134
— spermatica interna, *tunica vaginalis comm. testis
    et funiculi spermatici* 144, 145, 146, *148, 149*
*— superficialis abdominis 148
— temporalis 35
— —, lamina superficialis 35
— transversalis 81, 148
fasciculus atrioventricularis, *fasciculus atrioventricu-
    laris (His)* 204, 205
fibra (-ae)
*— decussatae musculi levatoris ani 174
— intercrurales anuli inguinalis superficialis 149

fibrae obliquae tunicae muscularis ventriculi 43
fimbria ovarica 167, 168
— tubae uterinae 165, 167, 169
fissura (-ae)
— *accessoria pulmonis*, vide: fissura horizontalis
— horizontalis pulmonis dextri, *fissura accessoria*
    109, 112, *115*, 117, 212
— ligamenti teretis hepatis, *fossa sagittalis sin., fossa
    v. umbilicalis* 65
— obliqua pulmonis, *incisura interlobaris, fissura
    interlobaris* 109, 110, 111, 112, *115*, 117, 118, 119,
    212
— — — dextri, *incisura interlobaris dext.* 212
— — — sinistri, *incisura interlobaris sin.* 212
— orbitalis inferior 87
— tympanomastoidea 24
flexura coli dextra 1, 48, 49, 50, 76, 77, 78
— — sinistra 1, 48, 49, 50, 73, 74, 77, 78
— duodeni inferior 45
— — superior 41, 42, 45
— duodenojejunalis 1, 45, 49, 50, 52, 53, 74, 77, 87,
    79
— perinealis recti 61
*— rectoromana 61
— sacralis recti 61
folliculus (-i)
— linguales 21
— lymphatici aggregati, *noduli lymphh. aggregati
    (Peyeri)* 56
*— — intestini 56
— — lienalis, *nodulus lymph. lienalis (Malpighii)*
    72
— — solitarii, *noduli lymphh. solitarii* 54, 56
— ovarici vesiculosi, *folliculi oophori vesiculosi
    (Graafi)* 168
foramen (-ina)
— apicis dentis 11
*— arteriae laryngeae superioris 97, 98, 100, 101, 103
— cecum linguae 21, 28, 30, 34, 96
— epiploicum, *foramen epiploicum (Winslowi)* 76,
    81
— incisivum 12, 13, 16
— infraorbitale 5
— interventriculare, *foramen interventriculare (Mon-
    roi)* 181
— ischiadicum majus 174, 175
— jugulare 32
— magnum, *foramen occipitale magnum* 33
— mentale 6
— nervi laryngei superioris 97, 98, 100, 101, 103
— obturatum 142, 154, 174
— *occipitale magnum*, vide: foramen magnum
— ovale (septi interatrialis cordis) *210, 211*
— palatinum majus 12, 13, 16, 23
— — minus 12, 13, 16
— rotundum 31
fornix 181
— vaginae 164
*— — posterior 80
fossa canina 5
— hypophysialis, *fossa hypophyseos* 26, 88, 182
— inguinalis lateralis, *fovea inguinalis lat.* 135
— — medialis, *fovea inguinalis med.* 135
— ischiorectalis 135, 169
— mandibularis ossis temporalis 27, 33
— naviculares urethrae, *fossa navicularis urethrae
    (Morgagnii)* 140, 143
— — *vestibuli vaginae*, vide: fossa vestibuli vaginae
— ovalis 192, 193, 205
— pterygopalatina 23, 33
— *sagittalis sinistra hepatis*, vide: fissura ligamenti
    teretis
— supratonsillaris 29
— supravesicalis, *fovea supravesicalis* 135
— temporalis 33
— *venae umbilicalis*, vide: fissura ligamenti teretis

fossa vesicae felleae 48, 51, 65, 68
— vestibuli vaginae, *fossa navicularis vestibuli vaginae* 171
fovea inguinalis, vide: fossa inguinalis
— oblonga cartilaginis arytenoideae 94
— *supravesicalis*, vide: fossa supravesicalis
— triangularis cartilaginis arytenoideae 94
frenulum labii inferioris oris 29
— — superioris oris 29
— linguae 22
— preputii 154, 157
— veli medullaris anterioris 184
fundus uteri 164, 166, 167, 170
— ventriculi 1, *40, 41, 42, 43, 44*
— vesicae felleae 47, 53, 65, 76
— — urinariae *136, 137,* 138, *139,* 151
funiculus spermaticus 144, 145, 149, 150

G

ganglion cervicale superius 36
— trigeminale, *ggl. semilunare (Gasseri)* 27
gaster, vide: ventriculus
genus corporis callosi 181
gingiva 11, 29
glandula (-ae)
— areolaris, *gl. areolaris mammae (Montgomerii)* 178, 179
— buccales 4
— bulbourethralis, *gl. bulbourethralis (Cowperi)* 140, *141, 142, 143,* 151, 154
*— labiales inferiores *4*
*— — superiores *4*
— lingualis anterior, *gl. apicis linguae* 22
— mammaria *180*
— palatinae 30
— parathyroidea *187*
— — inferior 187
— — superior *187*
— parotis 27, *35,* 36, 87
— — accessoria 35
— pituitaria, vide: hypophysis
— sine ductibus, *gll. endocrinales 181—188*
— sublingualis 22, 23, 27, 28
*— —, pars major 22
*— —, — minor 22
— submandibularis, *gl. submaxillaris* 23, 27, 28, 35
— *submaxillaris*, vide: glandula submandibularis
— suprarenalis 134, *188*
— — dextra 79, 122, *188*
— — sinistra *52,* 53, 81, 122, *188*
— thyroidea, *gl. thyreoidea* 24, 26, 37, 88, 185, *186, 187,* 213, 214, 215, 216, 217
— tracheales 98, 102, 107
— vestibularis major, *gl. vestibularis major (Bartholini)* 172
glans clitoridis 171, 177
— penis 140, 141, *142,* 143, *150, 154, 155, 157,* 158, 160
glomerulus (renis) 130, 132, 133
— — corticalis 130, 133
— — juxtamedullaris 130, 133
*glossa (gr.), vide: lingua
gubernaculum testis, *gubernaculum testis (Hunteri)* 145, 148

H

habenula corporis pinealis 184
hamulus pterygoideus 31
haustra coli 57, 59
hepar, vide etiam: facies diaphragmatica, lobus dexter, sinister hepatis *1, 63, 64, 65,* 66, 67, 73, 80, 81, 211

*hiatus analis 174, 175
*— fasciculi atrioventricularis 199
*— genitalis 174, 175
*— levatoris ani (*hiatus analis) 174, 175
— — — (— genitalis) 174, 175
*— scaleni 117
— semilunaris 86
*— suprapiriformis 166
hilus glandulae suprarenalis 188
— lienis 71
— pulmonis *111, 112,* 114
— — sinistri *111,* 120
— renalis 123, 124, 125, 126
hypophysis seu glandula pituitaria 25, 86, *181, 182, 183*
hypothalamus 181

I

ileum, *intestinum ileum 1,* 48, 49, 50, 57, 58, 74, 78
impressio cardiaca hepatis 63
— — pulmonis dextri 112
— — — sinistri 111
— colica hepatis 65
*— costalis pulmonis 109
— esophagea hepatis 64, 65
— gastrica hepatis 65
— *oesophagea hepatis*, vide: impressio esophagea
— renalis hepatis 65
— suprarenalis hepatis 65
incisura (-ae)
— angularis ventriculi 40, 41
— apicis cordis 190
— cardiaca pulmonis sinistri, *incisura cardiaca* 82, 109, 111, 117, 119, 212
— interarytenoidea 31, 34, 39, 96, 101, 102
— *interlobaris pulmonis*, vide: fissura obliqua
— ligamenti teretis, *incisura umbilicalis hepatis* 47, 48, 51, 63, 68, 77
— mandibulae 14
— nasalis maxillae 5, 85
— pancreatis 45, 53
— thyroidea inferior 89
— — superior 89, 90, 100
— *umbilicalis hepatis*, vide: incisura ligamenti teretis
infundibulum hypothalami 86, 181
— tubae uterinae 168
— ventriculi dextri, vide: conus arteriosus
*insertio gastrica omenti majoris 41, 48
*— — — minoris 41
intestinum caecum, vide: cecum
— crassum 50, *57—60*
— *ileum*, vide: ileum
— *jejunum*, vide: jejunum
— *rectum*, vide: rectum
— tenue *45—48,* 49, *51—56,* 75, 80
isthmus faucium *29*
— glandulae thyroideae 186
— tubae uterinae 165, 167, 168
— uteri 168, 169

J

jejunum, *intestinum jejunum 1,* 45, *48,* 49, 74
juga alveolaria 5

L

labium (-ia)
— anterius portionis vaginalis cervicis uteri 168
— inferius oris 2, 22, 27, 29, 36
— — valvae ileocecalis, *labium inf. valvulae coli* 58

labium majus pudendi 80, *164*, 171
— minus pudendi 164, 171
— oris, vide etiam: labium inferius, superius oris *1, 4*
— — neonati *3*
— posterius portionis vaginalis cervicis uteri 168
— superius oris 2, 22, 29, 30, 86
— — valvae ileocecalis, *labium sup. valvulae coli* 58
labyrinthus ethmoidalis 87
lacunae urethrales, *lacunae urethrales (Morgagnii)* 140
lamina (-ae)
— cartilaginis cricoideae 26, 88, 91, 92, 99, 104, 106, 107
— cribrosa ossis ethmoidalis 26, 87, 88
— dextra cartilaginis thyroideae 33, 89
*— epiglottidis 95
— horizontalis ossis palatini, *pars horizontalis ossis palatini 12, 13*, 16, 83
*— intercruralis penis 159
— lateralis processus pterygoidei 12, 23, 33
— medialis processus pterygoidei 12
— orbitalis ossis ethmoidalis, *lamina papyracea* 87
— *papyracea*, vide: lamina orbitalis
— parietalis pericardii serosi 109, 185, 212, 213, 214
— — tunicae vaginalis testis, *amina parietalis tunicae vaginalis propriae, perilorchium* 146, 149
— perpendicularis ossis ethmoidalis *83*, 87
*— posterior omenti majoris 48
— prevertebralis fasciae cervicalis, *fascia colli prof. (praevertebralis)* 23, 117
*— quadrangularis, vide: membrana quadrangularis
— sinistra cartilaginis thyroideae 89, 90
— superficialis fasciae temporalis 35
— terminalis, *lamina terminalis cinerea* 181, 182, 183
— visceralis pericardii serosi seu epicardium 215
— — tunicae vaginalis testis, *lamina visceralis tunicae vaginalis propriae, epiorchium* 148
larynx, vide etiam: articulationes, ligamenta, musculi laryngis *34*, 82, *89—96*
lien 1, 50, 51, *70, 71*, 72, 73, 76, 81
ligamentum (-ta)
— anococcygeum 80, 142, 154, 172, 173, 174, 175, 176
— anulare tracheae, *ligg. annularia 33, 97*, 102, 106, 107
— arcuatum mediale, *arcus lumbocostalis med.* 117
— — pubis 155
*— cardinale uteri *166*
— *ceratocricoideum laterale 98*, 100, 101
— — *posterius 98*
— *corniculopharyngeum 98*, 99, 103
— coronarium hepatis 63, 64, 79, 80
— cricoarytenoideum posterius *98*
— cricothyroideum, *lig. cricothyreoideum medium* 33, 97, 99, 100, 103, 104, 186
— cricotracheale *97*, 100, 106, 107
— epididymidis inferius 145
— — superius 145
— falciforme hepatis 47, 48, 51, 63, 64, 76, 79, 81
— fundiforme penis 149
— gastrolienale 71, *73*, 81
— hepatoduodenale *76, 77*, 79, 81
— hepatogastricum *76, 77*
— hepatorenale 79, 81
— hyoepiglotticum 99, 103, 104
— *hyothyreoideum*, vide: ligamentum thyrohyoideum
— inguinale, *lig. inguinale (Pouparti)* 174, 176
— lacunare, *lig. lacunare (Gimbernati)* 176
*— laryngis *97, 98, 99*
— latum uteri 167, 168, 169
— ovarii proprium 164, 165, *166*, 167, 168
— phrenicocolicum 50, *73*, 78, 79
— phrenicogastricum 79

ligamentum phrenicolienale *73, 79*, 81
— puboprostaticum 138, 143
— pulmonale 111, 112, 120
— sacrospinale, *lig. sacrospinosum* 175
— sacrotuberale, *lig. sacrotuberosum* 154, 173, 174
*— sternopericardiacum inferius (pericardium fibrosum) 212
*— — superius (pericardium fibrosum) 212
— suspensorium clitoridis 177
*— — mammae 180
— — ovarii 164, 165, *166*
— — penis 143, 150, 155
— teres hepatis 47, 48, 63, 65, 73, 76, 77, 78
— — uteri 164, 165, *166*, 170
— thyroepiglotticum 98, 103, 104
— thyrohyoideum, *lig. hyothyreoideum lat.*, vide etiam: membrana thyrohyoidea 32, *97, 98*, 99, 100, 101, 102, 103, 104, 186, 187
— — medianum, *lig. hyothyreoideum medium 97*, 99, 100, 102, 103, 104, 186
*— transversum atlantis 36
— — uteri *166*
— triangulare dextrum hepatis 64
— — sinistrum hepatis 64
— umbilicale medianum, *chorda urachi, lig. umbilicale medium* 136, 137, 138, 142, 143, 151
— — *medium*, vide: ligamentum umbilicale medianum
*— venae cavae 64, 65
— venosum, *lig. venosum (Arantii)* 64, 65
— vestibulare, *lig. ventriculare* 99, 103
— vocale 99, 103
limbus fossae ovalis 192, 193, 204
limen nasi 26, 86, 88
linea (-ae)
*— anocutanea 62
*— anorectalis 62
— arcuata ossis ilii 175
— obliqua cartilaginis thyroideae 89, 90, 97, 100
— terminalis pelvis 138, 175
lingua, vide etiam: apex, dorsum, margo, radix linguae 1, *21*, 23, 27, *28*, 29, 86
lingula mandibulae 14, 17
— pulmonis sinistri 109, 111, 113, 114, 117, 119, 212, 214
lobulus (-i)
— corticales renis 128
— glandulae mammariae, *lobuli mammae* 179, 180
— — thyroideae 187
— hepatis 67
— *pulmonis*, vide etiam: segmenta bronchopulmonalia *121*
— testis 146
lobus (-i)
— anterior hypophyseos *182*, 183
— — —, pars distalis 182
— — —, — infundibularis 182
— — —, — intermedia 182
*— axillaris glandulae mammariae 179
— caudatus hepatis, *lobus caudatus (Spigeli) 64, 65*
— dexter glandulae thyroideae *186*, 187
— — hepatis 1, 48, 52, *63*, 64, 65, 68, 73, 76, 78, 81
— — prostatae 137, 151
— glandulae mammariae, *lobus mammae* 179
— inferior pulmonis dextri 82, *109, 110*, 112, 114, 117, 118, 212
— — — sinistri 82, *109*, 111, 113, 114, 117, 119, 212
— medius pulmonis dextri 82, *109*, 112, 113, 114, 117, 212
*— portobiliares hepatis *66, 67*
*— — — dexter *66, 67*
*— — — medius *66, 67*
*— — — sinister *66, 67*
— posterior hypophyseos *182*, 183
— pyramidalis glandulae thyroideae *186*
— quadratus hepatis *65*

*lobus renalis 124, *128*
— sinister glandulae thyroideae 186
— — hepatis 1, 47, 48, 51, 52, *63, 64*, 65, 68, 73, 76
— — prostatae 151
— superior pulmonis dextri 82, *109, 110, 112*, 113, 114, 117, 118, 212
— — — sinistri 82, *109*, 111, 113, 114, 117, 118, 119
— temporalis cerebri 25
*— thymi *185*
lunula valvulae semilunaris 193
lymphoglandula, vide: nodus lymphaticus
lymphonodus, vide: nodus lymphaticus

M

mala seu bucca 2
mamma *178, 179, 180*
mandibula, vide etiam: angulus, basis, caput, lingula, ramus mandibulae *6, 7, 14, 18*, 24, 26, 27, 33, 35, 88
*margo acutus cordis, vide: margo dexter
— *anterior hepatis*, vide: margo inferior
— — *lienis*, vide: margo superior
— — pulmonis dextri 109
— — — sinistri 109, 111, 112
— — testis 144, 145
— dexter cordis, *margo acutus cordis *190*, 191
— inferior hepatis, *margo anterior (acutus) hepatis* 63
— — lienis, *margo posterior* 70, 71
— — pulmonis 109, *110*, 111, 112, 118, 119
— infraorbitalis 5
— *lateralis linguae*, vide: margo linguae
— — renis 123, 124, 125
— — *uteri*, vide: margo uteri
*— liber intestini 55
— — ovarii 165, 167
— linguae, *margo lat. linguae* 21, 22, 28
— medialis glandulae suprarenalis 188
— — renis 123, 125
*— mesentericus intestini 55
— mesovaricus ovarii 167, 168
*— obtusus cordis, vide: facies pulmonalis cordis
— *posterior lienis*, vide: margo inferior
*— superior glandulae suprarenalis 188
— — lienis, *margo ant.* 70, 71
— — pancreatis 45
— uteri, *margo lat. uteri* 167
maxilla *5, 7, 18*, 24, 33, 85, 87
meatus acusticus externus 24, 33
— — internus 32
— *nasi communis* 87
— — inferior 26, *86, 87, 88*
— — medius 26, *86, 87, 88*
— — superior 26, *86, 87, 88*
mediastinum, *septum mediastinale *109, 110, 120*
— superius *120*
— testis, *mediastinum testis (corpus Highmori)* 147
medulla glandulae suprarenalis, *substantia medullaris* 188
— renis, *substantia medullaris renis* 126
— spinalis 36
membrana fibroelastica laryngis 99
— *hypothyreoidea*, vide: membrana thyrohyoidea
— obturatoria 135, 150, 169
— perinei 154, 155, 169
— quadrangularis, *lamina quadrangularis *99*, 102, 103
— thyrohyoidea, *membrana hyothyreoidea* 26, 28, 33, 88, 97, 98, 99, 100, 101, 103, 186
mentum 2, 3, 36
mesencephalon 181
mesenterium *49*, 55, *74*, 80
mesoappendix, *mesenteriolum processus vermiformis* 50, 75, 78

mesocolon ascendens *79*
— descendens *79*
— sigmoideum, *mesosigmoideum* 50, 75, 79
— transvers um 49, 50, 74, 77, *78, 79*, 80
mesometrium *167*, 168
mesorchium 144
mesosalpinx *167, 168*
mesovarium *167, 168*
mons pubis 165, 171
musculus (-i), vide: etiam: tendines musculorum
*— arrector mammae 180
— aryepiglotticus 101
— arytenoideus, *m. arytaenoideus* 104
— — obliquus *101*, 102
— — transversus *101*, 102
— buccinator 4, 24, 27, 33, 35, 36, 87
— bulbospongiosus, *m. bulbocavernosus* 135, 150, 154, 155, 169, *172*
— — femininus 169, *172*
— — masculinus 135, 150, 154, 155
— coccygeus *174*, 175, 176
*— compressor bulbi (musculi bulbospongiosi) 150, 155
*— — radicis (musculi bulbospongiosi) 150, 155
— constrictor pharyngis inferior, vide etiam: pars cricopharyngea, thyropharyngea musculi constrictoris pharyngis inferioris 24, 28, 32, 187
— — — medius, vide etiam: pars ceratopharyngea, chondropharyngea musculi constrictoris pharyngis medii 24, 27, 28, *32*, 187
— — — superior, vide etiam: pars buccopharyngea, glossopharyngea, mylopharyngea, pterygopharyngea musculi constrictoris pharyngis superioris 24, *32*, 36
— cremaster *148, 149*
— cricoarytenoideus *(cricoarytaenoideus)* lateralis *102*, 105
— — posterior *101*, 102
— cricothyroideus, *m. cricothyreoideus* 28, 33, *100*, 102, 105, 186
— depressor labii inferioris, *m. quadratus labii inf.* 4
— digastricus, vide etiam: venter anterior, posterior 23, 24, 25, 27, 28, 32, 33, 36
*— dorsi 81
— genioglossus 24, 25, 26, 28, 88
— geniohyoideus 24, 25, 26, 88
— *glossopalatinus*, vide: musculus palatoglossus
— hyoglossus *23*, 24, 25, 27, 28, 33
— iliacus 134, 169
— iliococcygeus *174*
— iliopsoas 135
*— intercostales 185
— — externus 180
— — internus 180
— ischiocavernosus 135, 150, 154, 155, 169, *172*
— — femininus 169, *172*
— — masculinus 135, 150, 154, 155
— laryngis *100, 101, 102, 103*
— levator ani 61, 135, 138, 151, 154, 169, 173, *174*, 175, 176
— — palpebrae superioris 87
— — veli palatini 23, 25, 31, 33
*— linguae *23, 24*
— longissimus capitis 36
— longitudinalis superior linguae 36
— longus capitis 36, 117
— — colli 36
— masseter *35*, 36, 87
— mylohyoideus 23, 24, 25, 26, 27, 28, 33, 88
— *obliquus atlantis*, musculus obliquus capitis inferior 36
— — externus abdominis 50, 135, 148
— — internus abdominis 50, 135, 148
— — superior bulbi 87
— obturator internus 135, 169, 175, 176
— omohyoideus 24, 25

musculus orbicularis oculi 35
— — oris 4, 30, 36
— palatoglossus, *m. glossopalatinus* 25, 30, 36
— palatopharyngeus, *m. pharyngopalatinus* 30, 31, 36
— papillaris anterior ventriculi dextri, *m. papillaris ventralis 193*, 194, 204
— — — — sinistri, *m. papillaris sin. 195*, 196, 197, *198*, 203, 205
— — cordis 193, 194, 195, *196*, 197, *198*, 203, 204, 205
— — posterior ventriculi dextri, *mm. papillares parvi* 193, 194, 204
— — — — sinistri, *m. papillaris dext. 195*, 196, 197, *198*, 203, 205
— — septales ventriculi dextri, *mm. papillares parvi* 193, 194
— pectinati 192, 193
— pectoralis major 179, 180, 185, 212
— — minor 180, 212
* — pharyngis *24, 32, 33*
— *pharyngopalatinus*, vide: musculus palatopharyngeus
— piriformis *166, 176*
— psoas major 74, 78, 79, 81, 134
* — pterygoidei 27
— — lateralis, *m. pterygoideus ext.* 27, 31
— — medialis, *m. pterygoideus int.* 27, 31, 32, 36
— pubococcygeus *174*
— puboprostaticus 143
— puborectalis *174*
— pubovaginalis *174*
— *quadratus labii inferioris*, vide: musculus depressor labii inferioris
— — lumborum 134
— rectouterinus 166
— rectus abdominis 81
— — capitis posterior minor 36
— — inferior (bulbi) 87
— — lateralis (bulbi) 87
— — medialis (bulbi) 87
— — superior (bulbi) 87
— salpingopharyngeus 32
— scalenus anterior 117, 120
— — medius 117, 120
— — posterior 117, 120
— serratus anterior 179
— sphincter ampullae hepatopancreaticae 53
— — ani externus 61, 62, 143, 154, 164, 172, 173, 176
— — — internus 62, 143, 172
— — pylori 42, 43, 44
— — urethrae, *m. sphincter urethrae membranaceae* 143, 151, 155, 173
— — vaginae 173
* — — vesicae, *m. sphincter urethrae int.* 139, 140
— splenius capitis 36
— sternocleidomastoideus 25, 27, 35, 36
— sternohyoideus 24, 25
— sternothyroideus, *m. sternothyreoideus* 24
— styloglossus *23*, 24, 25, 27, *28*, 33, 36
— stylohyoideus 23, 24, 25, 27, 28, 32, 36
— stylopharyngeus 23, 25, 31, *32*, 33, 36
— suprahyoidei 24, *27*, 28
— temporalis 25, 87
— tensor veli palatini 23, 25, 31, 33
— thyroarytenoideus, *m. thyreoarytaenoideus ext. 102*, 105
— thyroepiglotticus, *m. thyreoepiglotticus 102*, 103, 105
-- thyrohyoideus, *m. thyreohyoideus* 24
— transversus abdominis 50, 134, 135, 148
— — linguae 36
— — perinei profundus 155, 169, *173*, 176
— — — superficialis 154, 172
— trapezius 36

musculus uvulae 30, 31, 36
— vocalis *103*, 105
— zygomaticus major, *m. zygomaticus* 35
myocardium *200, 201, 202, 203*
myometrium, vide: tunica muscularis uteri

N

nares *2, 82, 85*
nasus *82*
*nephros (gr.), vide: ren
nervus (-i)
— *acusticus*, vide: nervus vestibulocochlearis
— alveolaris inferior 27, 36
— auriculotemporalis 27
— dorsalis penis 162
— facialis (n. VII.) 27, 36, 181
— femoralis 135
— genitofemoralis 51, 52
— glossopharyngeus (n. IX.) 36
— hypoglossus (n. XII.) *27*, 36
— intercostales 180
— laryngeus superior 28, 33
— lingualis 27
— mandibularis (n. V/3.) 181
— *masticatorius* 27
— maxillaris (n. V/2.) 181
— obturatorius 176
— oculomotorius (n. III.) 181
— ophthalmicus (n. V/1.) 181
— opticus (n. II.) 87, 181, 182, 183
— phrenicus 120, 216, 217
— — dexter 214, 215, 216
— — sinister 214, 215, 216
— *statoacusticus*, vide: nervus vestibulocochlearis
— trigeminus (n. V.) 181
— trochlearis (n. IV.) 181, 184
— vagus (n. X.) 27, 36
— — dexter 214, 215, 216, 217
— — sinister 214, 215, 216, 217
— vestibulocochlearis seu octavus (n. VIII.), *n. acusticus, n. statoacusticus* 181
*nidus lienis 73
nodulus valvulae semilunaris, *nodulus valvulae semilunaris (Arantii)* 193, 199
nodus (-i)
— atrioventricularis, *nodus atrioventricularis (Aschoff—Tawara)* 204
— lymphatici bronchopulmonales, *lgll. bronchiales* 111, 112
— — pulmonales 121
— — tracheobronchiales 120

O

oesophagus, vide: esophagus
omentum majus 47, 48, *73*, 74, 76, 80
— minus 41, *76*, 77, 78, 80
orbita 24, 87
organa genitalia feminina *164—177*
* — — — interna *166—168*
— — — masculina *141—163*
* — — — interna *151*
* — retroperitonealia *51, 52*
— uropoetica *122—140*
* — — feminina *138, 139*, 164
* — — masculina *127—129*, 140, *141*
orificium, vide: ostium
os (ora), vide etiam: labium inferius, superius oris, regio oralis 1, *2*
os (ossa)
— coccygis 142, 164, 173, 174, 175, 176

os ethmoidale, vide etiam: cellulae (sinus) ethmoidalis, lamina cribrosa, lamina orbitalis 87
— frontale 24, 86, 87
— hyoideum 24, 25, 26, 27, 33, 88, 97, 98, 99, 100, 101, 102, 103, 104, 186, 187
— ilium 142, 166, 169
— ischii, vide etiam: ramus ossis ischii 156
— nasale 24, 83, 85, 86
— occipitale 31, 32
— pubis, vide etiam: ramus inferior, superior ossis pubis 154, 156, 159
— sacrum 138, 142, 143, 154, 174, 175, 176, 291
— sphenoidale, vide etiam: ala major, ala minor processus pterygoideus 181
— temporale, vide etiam: pars petrosa, processus mastoideus, processus styloideus 32, 33
— zygomaticum 18, 24, 33
ostium abdominale tubae uterinae 168
— aortae, ostium arteriosum sin. 117, 196, 197, 199
— appendicis vermiformis, valvula proc. vermiformis (Gerlachi) 58
— arteriosum cordis, vide: ostium aortae, trunci pulmonalis
— atrioventriculare dextrum 117, 193, 197, 199
— — sinistrum 117, 195, 196, 197, 198, 199
— cardiacum, cardia 1, 38, 39, 40, 41, 42, 44, 76
— cordis, vide etiam: ostium aortae, atrioventriculare, trunci pulmonalis, valvae cordis 199
*— ductus ejaculatorii 140
*— — submandibularis 22
*— externum canalis cervicis 169
*— — — isthmi 169
— ileocecale, ostium ileocaecocolicum 58
*— internum canalis cervicis 169
*— — — isthmi 169
*— — uteri 169
— pharyngeum tubae auditivae 25, 26, 82, 86, 88
— pyloricum ventriculi 81
*— sinus coronarii 192, 193, 204
— trunci pulmonalis, ostium arteriosum dext. 117, 193, 194, 199
— ureteris, orificium vesicale ureteris 137, 139, 140, 143
— urethrae externum, orificium urethrae ext. 139, 140, 143, 153, 154, 157, 158, 160, 171, 172
— — femininae externum 139, 171, 172
— — internum, orificium urethrae int. 135, 139, 140, 143
— — masculinae externum 140, 143, 154, 157, 158, 160
— uteri, orificium ext. uteri, orificium ext. canalis cervicalis uteri 80, 164, 168, 169
— uterinum tubae uterinae 168
— vaginae, orificium vaginae 171
— venae cavae inferioris 192
— — — superioris 193
*— — pulmonalis 195
— venosum cordis, vide: ostium atrioventriculare
ovarium 164, 165, 167, 168, 169
— dextrum 168
— sinistrum 168

P

palatum 30, 87
— durum 1, 23, 26, 29, 83, 86, 87, 88
— molle 1, 23, 26, 83, 86, 88
— osseum 12
pancreas, vide etiam: caput, cauda, corpus, margo superior, processus uncinatus pancreatis 1, 45, 46, 51, 77, 80, 81
papilla (-ae)
— duodeni major, papilla duodeni major (Vateri) 46, 52, 53
— — minor 46

papillae foliatae 21
— fungiformes 21, 30
— linguales 21
— mammae 178, 179, 180
— renalis 126, 128
— vallatae 21, 28, 30, 31, 34, 96
paracolpium 169
paracystium 135
parametrium 166, 169
paries anterior vaginae 168
— — ventriculi 41
*— lateralis cavi nasi 86
— membranaceus tracheae, paries membranacea 98, 101, 102, 108
*— posterior omenti majoris 80
*— — pharyngis 28
*— — vaginae 172
paroophoron 167
*parotis, vide: glandula parotis
pars (-tes)
*— abdominalis esophagi 73
— affixa hepatis, vide: area nuda hepatis
— anterior faciei diaphragmaticae hepatis 63
— ascendens duodeni 1, 45, 51, 53, 74, 78, 79
— basilaris ossis occipitalis 86
— buccopharyngea musculi constrictoris pharyngis superioris, m. buccopharyngeus 23, 33
— cartilaginea septi nasi 83
— ceratopharyngea musculi constrictoris pharyngis medii, m. ceratopharyngeus 33
— chondropharyngea musculi constrictoris pharyngis medii, m. chondropharyngeus 33
— costalis diaphragmatis 81, 82
— cricopharyngea musculi constrictoris pharyngis inferioris, m. cricopharyngeus 33
— descendens duodeni 1, 41, 42, 43, 45, 46, 49, 50, 51, 53
— dextra faciei diaphragmaticae hepatis 63
— distalis lobi anterioris hypophyseos 182
— epididymica ductus deferentis 141
*— extrapericardiaca trunci pulmonalis 215
*— — venae cavae superioris 215
*— flaccida valvulae semilunaris 193
— funicularis ductus deferentis 141
— genitales femininae externae 171, 172
— — masculinae externae 140—163
*— glabra labii oris 3
— glossopharyngea musculi constrictoris pharyngis superioris, m. glossopharyngeus 33
*— horizontalis seu inferior duodeni 45, 46, 51, 53, 79
— inferior duodeni, vide: *pars horizontalis duodeni
*— infraperitonealis recti 61
— infundibularis lobi anterioris hypophyseos 182, 183
— inguinalis ductus deferentis 141
— intermedia lobi anterioris hypophyseos 182
*— intrapericardiaca trunci pulmonalis 215
*— — venae cavae superioris 215
— laryngea pharyngis 26, 34, 82, 88, 104
— lateralis ossis sacri 138, 175
— lumbalis diaphragmatis 81, 82, 117, 134
*— major glandulae sublingualis 22
— mediastinalis faciei medialis pulmonis, facies mediastinalis 111, 112
— membranacea septi interventricularis, pars membranacea septi ventriculorum 196, 197
— — — nasi, septum membranaceum 83
— — — urethrae 135, 140, 143, 155, 176
*— — — femininae 176
— — — masculinae 135, 140, 143, 155
*— minor glandulae sublingualis 22
— muscularis septi interventricularis 197
— mylopharyngea musculi constrictoris pharyngis superioris, m. mylopharyngeus 33
— nasalis pharyngis 25, 26, 34, 82, 88

pars obliqua musculi cricothyroidei 33, 96, 98
— oralis pharyngis 26, 34, 82, 88
— orbitalis ossis frontalis 87
— ossea septi nasi 83
— pelvina ductus deferentis 141
— pericardiaca pleurae 120
— petrosa ossis temporalis, pars petrosa pyramidis 23
— posterior faciei diaphragmaticae hepatis 64
— profunda glandulae parotidis 36
*— — musculi sphincteris ani externi 176
— prostatica urethrae 135, 140, 143
— pterygopharyngea musculi constrictoris pharyngis superioris, m. pterygopharyngeus 33
— pylorica ventriculi 40, 41, 42, 43, 44, 77
— radiata lobuli corticalis, striae medullares corticis (proc. Ferreini) 126, 128
— recta musculi cricothyroidei 33, 100, 102
— sinistra faciei diaphragmaticae hepatis 63
— spongiosa urethrae, pars cavernosa urethrae 135, 140, 143, 156, 159, 160
— squamosa ossis temporalis, squama temporalis 23, 24
— subcutanea musculi sphincteris ani externi 154, 172
— superficialis musculi sphincteris ani externi 154, 172
— superior duodeni 1, 42, 43, 44, 45, 46, 51, 73, 76, 78, 81
*— tensa valvulae semilunaris 193
— testicularis ductus deferentis 148
— thyropharyngea musculi constrictoris pharyngis inferioris, m. thyreopharyngeus 33
— tympanica ossis temporalis 23
— uterina tubae uterinae, pars interstitialis 168
— vertebralis faciei medialis pulmonis 111, 112
*— villosa labii oris 3
pecten ossis pubis 138
pedunculus cerebellaris medius, brachium pontis 181, 184
— cerebri, vide: crus cerebri
*pelvis feminina 169, 175, 176
— renalis, *pyelon 122, 126, 129, 134, 141
penicilli lienis 72
penis, vide etiam: bulbus, corpus, corpus cavernosum, corpus spongiosum, crus, glans penis 141, 150, 154, 155
pericardium, vide etiam: pericardium fibrosum, serosum 109, 119, 120, 185, 190, 191, 212—217
— fibrosum, vide etiam: ligamentum sternopericardiacum inferius, superius 212
— serosum, vide etiam: lamina parietalis, visceralis, epicardium 212
perimetrium, vide: tunica serosa uteri
perineum 150, 154, 155, 159, 172, 173, 174
— femininum 172, 173, 174
— masculinum 150, 154, 155, 159
periodontium, periosteum alveolare 11
periorbita 87
periorchium, vide: lamina parietalis tunicae vaginalis testis
periosteum alveolare, vide: periodontium
peritoneum, peritonaeum 61, 73, 74, 75, 76, 77, 78, 79, 80, 137, 142, 143, 148, 151, 161
— parietale 50, 79, 80, 81, 134, 135
— viscerale, vide etiam: tunica serosa intestinorum 80, 81
petiolus epiglottidis 95, 99
pharynx, vide etiam: pars laryngea, nasalis, oralis pharyngis 1, 28, 36, 38, 82, 187
philtrum 2, 3
pleura 73, 112, 121
— costalis 120, 213
— diaphragmatica, 120, 212
— mediastinalis 120, 212, 213, 214, 216
— parietalis 134

plexus (-us)
*— arteriosus partis infundibularis anterioris hypophyseos 183
*— — — — posterioris hypophyseos 183
— (autonomicus) myentericus, plex. myentericus (Auerbachi) 54
— — submucosus, plex. submucosus (Meissneri) 54
*— — villi intestinalis 54
*— (lymphaticus) submucosus 54
*— — subserosus 54
— (nervorum spinalium) sacralis 166, 176
*— (vasculosus) villi intestinalis 54
*— (venosus) corporis uteri 170
*— — fundi uteri 170
*— — ligamenti teretis uteri 170
— — pampiniformis 146, 148
— — prostaticus, plexus venosus pudendalis 135, 143
— — pudendalis, vide: plexus (venosus) prostaticus
— — thyroideus impar 214, 215
— — uterinus, plexus venosus uterovaginalis 169
— — uterovaginalis, vide: plexus (venosus) uterinus, plexus (venosus) vaginalis
— — vaginalis, plex. venosus uterovaginalis 169
— — vertebralis externus 36
— — — internus 36
— — vesicopudendalis, vide: plexus (venosus) prostaticus
plica (-ae)
— ampullares 168
— aryepiglottica 31, 34, 39, 96, 99, 101, 102, 104
— axillaris anterior 178
— circulares, plicae circulares (Kerkringi) 45, 46, 55
— epigastrica, vide: plica umbilicalis lateralis
— fimbriata 22
— gastricae 44
— gastropancreatica 77
— glossoepiglottica lateralis 21, 31, 34, 96
— — mediana 21, 104
— interureterica 139, 140
— isthmicae tubae uterinae 168
*— jejuni 55
— lacrimalis, plica lacrimalis (Hasneri) 86
*— laryngis 104, 105
— longitudinalis duodeni 46
*— mucosae intestini 56
— nervi laryngei 34, 96
— palatinae transversae 30
— palmatae 168
*— pterygomandibularis 29
— rectouterina 165, 167, 168
— salpingopalatina 86
— salpingopharyngea 86
— semilunares coli 57, 58, 59
— sublingualis 22
— transversales recti 62, 143
— triangularis 21
— umbilicalis lateralis, vide: plica umbilicalis media
— — lateralis, plica epigastrica 135
— — media, vide: plica umbilicalis mediana
— — media, plica umbilicalis lat. 135
— — mediana, plica umbilicalis media 135
— ventricularis laryngis, vide: plica vestibularis
— vestibularis laryngis, plica ventricularis 26, 88, 104, 105
— vocalis 26, 88, 104, 105
*pomum Adami, vide: prominentia laryngea
porta hepatis 53
portio supravaginalis cervicis uteri 156
— vaginalis cervicis uteri 164, 168, 169
preputium clitoridis 171, 177
— penis 143, 150, 154, 157
processus (-us)
— alveolaris maxillae 5, 24, 83

processus caudatus hepatis 65
— condylaris mandibulae, *proc. condyloideus mandibulae* 6, 12, 14, 15, 17, 18
— coronoideus mandibulae 14, 15, 17, 18, 87
— frontalis maxillae 5
— infundibuli 182, 183
— mastoideus, *pars mastoidea ossis temporalis* 24, 25, 32, 33
— muscularis cartilaginis arytenoideae 93, 94, 98, 99, 101
— palatinus maxillae 12, 13, 16, 83
— papillaris hepatis 65
— posterior seu sphenoidalis septi nasi cartilaginei, *proc. sphenoidalis septi nasi cartilaginei* 83
— pterygoideus 23, 24
— pyramidalis ossis palatini 16, 24, 25, 32, 36
— styloideus ossis temporalis 24, 25, 32, 36
— transversus atlantis 36
— uncinatus pancreatis, *pancreas parvum (Winslowi)* 1, 45, 49, 53
— *vermiformis*, vide: appendix vermiformis
— vocalis cartilaginis arytenoideae 93, 94, 99, 103
— xiphoideus 47, 48, 49, 51
— zygomaticus maxillae 5, 18, 25
— — ossis temporalis 18, 25
*proctos (gr.), vide: rectum
prominentia laryngea, *pomum Adami 24, 25, 33, 82, 89, 90, 97, 186
promontorium ossis sacri 164, 175
prostata 135, 136, 137, 138, 140, *141, 142, 143, 151,* 152
pubes 143, 171
pudendum femininum *171*
pulmo *109, 110*
— dexter *82, 112,* 113, 114, 115, 116, 185
— sinister *82, 111,* 113, *114,* 212
pulpa dentis 11
— lienis 72
*pyelon (gr.), vide etiam: pelvis renalis 126
pylorus *40, 41, 44,* 46, 77, 79, 81
pyramis renalis, *pyramides renales (Malpighii)* 126, 128

R

radix dentis 6, 7, 10
— linguae *21,* 26, 34, 88, 96
— lingualis dentis 10
— mesenterii *49, 50, 74, 77, 78, 79,* 80
— vestibularis dentis 10
ramus (-i)
— arteriae hepaticae 69, 81
— — pulmonalis 114
— bronchiales, *aa. bronchiales* 37, 121
*— centrales venae cavernosae 161
— circumflexus arteriae coronariae sinistrae 206, 207, 208
— dexter arteriae hepaticae propriae 52
— — — *pulmonalis*, vide: arteria pulmonalis dextra
*— — venae portae 68
— epiploici arteriae gastroepiploicae 47
— esophagei aortae, *aa. oesophageae* 37
— inferior ossis pubis 150, 155, 169, 172, 176
*— intermedius venae portae 68
— interventricularis anterior arteriae coronariae sinistrae, *r. descendens ant. a. coronariae sin.* 206, 207
— — posterior arteriae coronariae dextrae, *r. descendens post.* 208, 209
— mandibulae, vide etiam: processus condylaris, coronoideus 6, 32, 36
— marginalis sinister arteriae coronariae sinistrae 206

ramus nervi facialis 27
— ossis ischii, *r. inf. ossis ischii* 135, 150, 155, 159, 177
*— peripherialis venae cavernosae 161
— sinister arteriae hepaticae propriae 52, 53
— — — *pulmonalis*, vide: arteria pulmonalis sinistra
*— venae portae 68
— superior ossis pubis 150, 155, 159, 176, 177
— venae bronchialis 121
— — portae 69, 81
— — pulmonalis 121
*raphe musculi bulbospongiosi 150, 154, 155
— palati 29, 30
— pharyngis 28, 32, 38, 187
— pterygomandibularis 24, 33
recessus costodiaphragmaticus, *sinus phrenicocostalis* 117, 118, 119, 120, 134, 185, 212, 213, 214
— costomediastinalis, *sinus costomediastinalis* 120
— duodenalis inferior, *recessus duodenojejunalis inf.* 74
— — superior, *recessus duodenojejunalis sup.* 49, 74
— ileocecalis inferior 78
— — superior 78
— inferior omentalis 80
— infundibuli ventriculi tertii 182, 183
— intersigmoideus 50, 75, 79
— lienalis bursae omentalis 78, 81
— pharyngeus, *recessus pharyngeus (Rosenmülleri)* 86
— pinealis ventriculi tertii 181
— piriformis 21, 31, 34, 39, 96
*— precardiacus 120
— sphenoethmoidalis 26, 86, 88
— superior omentalis 80
rectum, *intestinum rectum* 1, *50,* 51, 52, 61, 75, 79, 80, 122, 142, 143, 164, 165, 166
regio oralis *2*
— sublingualis *22*
ren *122—133,* 141
— dexter *51,* 52, 53, 81, *123,* 134, 188
*— lobatus 127
— sinister *51,* 52, 53, 81, 122, 124, 125, 134, 188
rete testis, *rete testis (Halleri)* 147
*reticulum capillare renis 132
retinacula cutis 180
rima oris 2, 4
— pudendi 165
rostrum sphenoidale 83
rudimentum processus vaginalis, vide: vestigium processus vaginalis
rugae vaginales 168

S

sacculus laryngis, *appendix ventriculi laryngis* 105
scrotum 142, 143, 150, 158
segmentum anterius pulmonis dextri 114, 115, 116
— — — sinistri 114
— apicale lobi superioris pulmonis dextri 114, 115, 116
— — — — pulmonis sinistri 114
— — (superius) lobi inferioris pulmonis dextri 114, 115, 116
— — — — inferioris pulmonis sinistri 114
— apicoposterius 114
— basale anterius pulmonis dextri 114, 115, 116
— — — — sinistri 114
— laterale pulmonis dextri 114, 115, 116
— — — — sinistri 114
— mediale (carciacum) pulmonis dextri 114, 116
— — posterius pulmonis dextri 116
— — — — sinistri 114

segmenta bronchopulmonalia, *lobuli pulmonis 114, 115, 116*
— — pulmonis dextri *115, 116*
— cardiacum, vide: segmentum basale mediale
— laterale 114
— lingulare inferius 114
— — superius 114
— mediale 114, 115, 116
— posterius pulmonis dextri 114, 115, 116
— — — sinistri 114
— subapicale seu subsuperius 114
— subsuperius, vide: segmentum subapicale
septula testis 147
septum atriorum cordis, vide: septum interatriale
— interalveolaria 13, 15
— interatriale, *septum atriorum* 192, 193, *210*
* — interlobularia hepatis 69
— interradicularia, *septa intraalveolaria* 13
— interventriculare, *septum ventriculorum* 195, 197, 205
— linguae 25
— *mediastinale*, vide: mediastinum
— *membranaceum*, vide: pars membranacea
— nasi 23, 31, *83, 87*
— pellucidum 181
— penis, *septum penis (pectiniforme)* 140, 155, 159, 160, 162, 163
— rectovaginale 176
— rectovesicale 138, 142, 151
— *ventriculorum cordis*, vide: septum interventriculare
sinus (-us)
— anales, *sinus rectales* 62
— aortae 196
— caroticus 23
— coronarius 208, 209, 210
— *costomediastinalis*, vide: recessus costomediastinalis
— epididymidis 149
— ethmoidalis 86, 87
— frontalis 26, 83, *86, 87*, 88
— lactiferi 179, 180
— lienis 72
— maxillaris, *sinus maxillaris (Highmori)* 87
— obliquus pericardii 217
— paranasales, vide etiam: sinus ethmoidalis, frontalis, maxillaris, sphenoidalis *86, 87*
— *phrenicocostalis*, vide: recessus costodiaphragmaticus
— *phrenicomediastinalis* 120
— *pleurae*, vide: recessus costodiaphragmaticus, costomediastinalis
— renalis 81
— sphenoidalis 25, 26, 83, 86, 88
— transversus pericardii 216, 217
— venarum cavarum *193*
— (venosus) cavernosus 25
— — *intercavernosus anterior* 182, *183*
— — — *posterior* 182, 183
*situs cordis *212—217*
* — viscerum abdominis *47, 48, 49, 50, 51, 52, 53*
— — thoracis *117, 118, 119*
spatium (-a)
* — intercostale IV. 120
— interglobularia 11
* — parapharyngeum 33, *36*
— perinei superficiale 154
— retroperitoneale *78*
* — retropharyngeum *36*
— retropubicum, *spatium praevesicale (Retzii)* 80, 143
spina iliaca anterior superior 138, 142, 174
— ischiadica 176
— mentalis 14, 15, 17
— nasalis posterior 12, 13, 16

spina nasalis anterior 5, 7, 18, 23, 83, 84, 85
— — *posterior*, vide: spina nasalis
splanchnologia *1—172*
splenium corporis callosi 181
sternum, vide etiam: processus xiphoideus 119, 120
*stratum circulare myocardii 203
— — tunicae muscularis ventriculi 42, 43
* — — — vesicae urinariae 136, 137
* — internum myocardii 203
— longitudinale tunicae muscularis recti 61
— — — — ventriculi 42, 43
* — — — — vesicae urinariae 136, 137, 138
* — reticulare tunicae muscularis vesicae urinariae 136
— superficiale myocardii *203*
*structura dentis *11*
* — intestini *54*
* — lienis *72*
* — pulmonis *121*
* — renis *126*
substantia adamantina dentis, vide: enamelum
— compacta processus alveolaris 11
— nigra 181
— *ossea dentis*, vide: cementum
* — spongiosa processus alveolaris 11
sulcus (-ci)
— angulomarginalis 2
* — aorticus (pulmonis sinistri) 111
* — arteriae gastroduodenalis 45
* — — lienalis 45
* — — subclaviae (pulmonis) 109, 111
— coronarius 190, 191, 200, 201, 210, 215, 216
— — cordis 160, 191, 215, 216
* — interlobaris renis 123
— interventricularis anterior, *sulcus longitudinalis ant.* 190
— — posterior, *sulcus longitudinalis post.* 191, 201
* — labiofemoralis 171
— *longitudinalis cordis*, vide: sulcus interventricularis
— medianus linguae 21, 28, 30
— mentolabialis 2, 3
— nasolabialis 2, 3
* — nympholabialis 171
* — palatinus 12, 13, 16
* — preputiolabialis 171
— pulmonalis tho.acis 120
— *subclavius pulmonis, sulcus a. subclaviae* 106, 109, 111
— terminalis atrii dextri cordis 192
— — linguae 21, 30
* — venae azygos (pulmonis dextri) 112
— — cavae, *fossa v. cavae* 65
sutura incisiva 12, 13, 16
— palatina mediana 12, 13, 16
— — transversa 12, 13, 16
— temporozygomatica, *sutura zygomaticotemporalis* 33
— *zygomaticotemporalis*, vide: sutura temporozygomatica
symphysis ossium pubis, vide: symphysis pubica
— pubica, *symphysis ossium pubis* 80, 138, 142, 143, 164, 172, 173, 174, 175, 176, 177
*syphon arteriae carotidis internae 181
systema digestorium, vide: apparatus digestorius
— respiratorium, vide: apparatus respiratorius
— urogenitale, vide: apparatus urogenitalis
— *vasorum*, vide: angiologia

T

*tela adiposa sinus renalis 126
— subcutanea nasi 84, 85
* — submucosa labiorum oris *4*

tela submucosa tracheae 107
— — vesicae urinariae 140
*tendo coni arteriosi 199
— musculi digastrici 24, 25, 27
— — temporalis 87
tenia coli 59
*— curvaturae ventriculi minoris 42
— libera 48, 49, 50, 57, 60, 74 80
— mesocolica 57, 60, 80
— omentalis 60, 80
tentorium cerebelli 181
testis *141, 143—149*
thalamus 181, 184
thymus *185*, 213
tonsilla lingualis 21, 30, 31
— palatina 21, 23, 29, 30, 34, 36, 96
— pharyngea 26, 88
*torus intimae arteriae (Ebneri) 163
*— levatorius, *torus m. levatoris veli palatini* 86
— tubarius 25, 86
trabeculae carneae 193, 194, 195
— corporis cavernosi penis 161, 162
— lienis 72
— septomarginalis 193, 194
trachea 26, 28, 32, 33, *37, 38, 82, 88*, 97, 100, 101, 103,
104, 105, 106, 107, 108, 110, *113*, 185, 186, 187,
214, 215, 216, 217
tractus opticus 25, 182, 183
trigonum fibrosum dextrum 199, 204
— — sinistrum 199
— habenulae 184
*— interseminale 137, 151
— *retromolare* 14, 15
— vesicae, *trigonum vesicae (Lieutaudi)* 139, 140,
143
truncus brachiocephalicus, *a. anonyma* 37, 109, 110,
189, 190, 191, 206, 211, 213, 214, 215, 216,
217
— celiacus, *a. coeliaca* 51, *52*, 53, 117, 122, 134,
211
— *coeliacus*, vide: truncus celiacus
— costocervicalis 37, 38
— fasciculi atrioventricularis 204
— pulmonalis, *a. pulmonalis* 189, 192, 193, 194, 198,
200, 202, 208, 211, 214, 216, 217
— symphaticus 36
— thyrocervicalis 37, 38
tuba auditiva 82
— uterina, *tuba uterina (Falloppii) 164, 165, 166,
167*, 168, 169
tuber cinereum 182, 183
— ischiadicum 142, 154, 155, 172, 173, 174
— maxillae, *tuber maxillare* 5
— omentale 45, 46
tuberculum corniculatum, **tuberculum corniculatum
(Santorini) 31, 34, 39, 96, 102, 104**
— (coronae) dentis 10
— cuneiforme, *tuberculum cuneiforme (Wrisbergi)*
34, 39, 96, 98, 102, 104
*— dentis 10, 12, 14
— intervenosum, *tuberculum intervenosum (Loweri)*
192, 210
— labii superioris 2, 3
— **lingualia dentis 10, 12, 14**
— pubicum 155, 156, 175, 177
— thyroideum inferius 89, 90, 97, 100
— — superius 89, 90, 97, 100
*— **vestıbulare dentis 10, 12, 14, 16**
tubuli seminiferi contorti 147
tunica albuginea corporis cavernosi penis 155, 158,
159, 161, 162, 163
— — — spongiosi penis, *tunica albuginea corporis
cavernosi urethrae* 162, 163
— — testis 147
— dartos *148*, 149, 150
— funiculi spermatici *149, 150*

tunica mucosa cavi nasi 87
— — esophagi 34, 96
*— — faucium 23
— — intestini crassi *59*, 60
— — laryngis 105
— — oris 23, 27, 87
— — pharyngis 104
— — recti, *tunica mucosa intestini recti* 62
— — sinus maxillaris 87
— — tracheae 103, 107
— — uteri seu endometrium 168
— — vesicae urinariae 140
— muscularis esophagi 42, 43
— — intestini 54
— — — crassi 60
*— — mucosae 54
— — recti 61
— — tracheae 107
— — uteri seu myometrium 168
*— — ventriculi, vide etiam: fibrae obliquae, stra-
tum circulare ventriculi *42, 43*, 44
— — vesicae urinariae 136, 137, 138, 140
— serosa intestini 54
— — — crassi 60
*— — recti 61
— — uteri seu perimetrium 168
— — ventriculi 80
*— — viscerum abdominalium, vide: peritoneum
viscerale
— submucosa 54
— testis *148, 149*
— vaginalis testis, *tunica vaginalis propria*, vide
etiam: lamina parietalis, visceralis tunicae vaginalis testis 143, 144, 145, 148, 149

U

umbilicus 211
urachus 211
ureter *51, 52*, 53, 74, 78, 79, *122*, 123, 124, 125, 126,
129, 134, 136, 137, 138, 142, 143, 151, 165, 188
— dexter *122*, 137, 138, 151
— sinister *122*, 137, 138, 151
urethra 80, 136, 139, 140, 141, 142, 151, 152, 155, 156,
158, 159, 162, 163, 164, 173, 176
— feminina 80, *139*, 164, 173, 176
— masculina 136, *140, 141*, 142, 151, 152, 155, 156,
158, 159, 162, 163
uterus, vide etiam: cervix, fundus uteri 80, 164, 165,
166, 167, 168
utriculus prostaticus 140
uvula, *uvula palatina* 29, 30, 34, 36, 96
— vesicae 140

V

vagina 80, *164*, 167, 169, 171, 172, 173, 176
vallecula epiglottica 21, 34, 96, 102
valva aortae, *valvulae semilunares aortae* 196, 197, 199,
205
— atrioventricularis dextra seu valva tricuspidalis,
valvula tricuspidalis 192, 193, 194, 197, 199, 204
— — sinistra seu valva mitralis, *valvula bicuspidalis seu mitralis 195*, 196, 197, *198*, 199, 203,
205
— cordis, *valvula cordis*, vide: valva aortae, atrioventricularis, trunci pulmonalis
— ileocecalis, *valvula coli* 58
— mitralis, vide: valva atrioventricularis sinistra
— tricuspidalis, vide: valva atrioventricularis dextra
— trunci pulmonalis, *valvulae semilunares a. pulmonalis* 193, *194, 199*, 204
valvula bicuspidalis, vide: valva atrioventricularis
sinistra

valvulae cordis, vide: valvae cordis
— foraminis ovalis (falx septi) 195
*— infundibularis 161
— semilunaris anterior valvae trunci pulmonalis, *valvula semilunaris ant. a. pulmonalis* 193, 194, *199*, 204
— — dextra valvae aortae, *valvula semilunaris dextra aortae* 196, 197, 199
— — — trunci pulmonalis, *valvula semilunaris dext. a. pulmonalis* 193, 194, *199*
— — posterior valvae aortae, *valvula semilunaris post. aortae* 196, 199
— — sinistra valvae aortae, *valvula semilunaris sin. aortae* 196, 197, 199
— — — trunci pulmonalis, *valvula semilunaris sin. a. pulmonalis* 193, 194, *199*
— — valvae aortae, *valvula semilunaris aortae* 196, *199*, 205
— — — trunci pulmonalis, *valvulae semilunares a. pulmonalis* 193, 194, *199*
— sinus coronarii, *valvula sinus coronarii (Thebesii)* 192, 210
— *tricuspidalis*, vide: valva atrioventricularis dextra
— venae cavae inferioris, *valvula v. cavae inf. (Eustachii)* 192, 193, 210
vas (-a)
— afferens 130, 132, 133
*— capillaria corticalia renis 133
— efferens 132, 133
*— hepatis *68*
*— hypophysialia *183*
*— lymphatica centralia 54
*— — pulmonis 121
*— omenti minoris 53
*— portalia lobi anterioris hypophyseos 175
*— sinusoidea intralobularia hepatis 69
*— — lobi anterioris hypophyseos 175
*— spermatica interna 51, 52
velum palatinum 25, 34, 96
vena (-ae)
— *anonyma*, vide: vena brachiocephalica
— *arcuata* 129
— azygos 110
— brachiocephalica, *v. anonyma* 189
— — dextra, *v. anonyma dext.* 109, 185, 211, 213, 214, 215
— — sinistra, *v. anonyma sin.* 109, 211, 213, 214, 215, 216
— bronchialis 121
— bulbi penis, *v. bulbi urethrae* 159
— cava inferior 51, *52*, 64, 65, 68, 79, 81, 122, 134, 189, 191, 192, 193, 201, 204, 208, 210, 211, 217
— — superior 109, 117, 189, 190, 191, 192, 193, 194, 200, 201, 204, 206, 208, 210, 211, 213, 214, 215, 216, 217
— cavernosa 161
— centralis lobuli hepatis 69
— cordis anteriores 206
— — magna 195, 206, 207, 208, 209
— — media 208, 209
— — parva 208
— dorsalis penis 143, 159, 162, 163
— facialis, *v. facialis ant. et v. facialis communis* 35, 36
— femoralis 135, 189
— hemiazygos 110
— hepatica 64, 68, 122, 189
— — dextra 68
*— — intermedia 68
— — sinistra 68
*— hypophyseae inferiores 183
*— — superiores 183
— iliaca communis 134, 189, 211
— — — dextra 134

vena iliaca communis sinistra 134, 211
— — externa 176
— intercostalis anterior 180
— interlobaris renis 128, 129
— interlobularis hepatis 69
— — renis 128
— jugularis 189
— — externa 35
— — interna 23, 36, 117, 185, 213, 214, 215, 216, 217
— — — dextra 23, 36, 117, 185, 213, 216
— — — sinistra 117, 213, 214, 215, 216, 217
— labiales posteriores 169
— lienalis 51, 53, 71, 72, 79, 80, 81
— mesenterica inferior 51, 52, 53, 122
— — superior 49, 51, 52, 53, 81
— obliqua atrii sinistri, *v. obliqua atrii sin. (Marshalli)* 208
— ovarica 167
— pericardiacophrenica 214, 215, 216, 217
— pharyngeae 36
— portae *53*, 65, 68, 79, 189, 211
*— — hypophysiales *183*
— profunda penis *159*, 161
— pudenda interna, *v. pudendalis int.* 135
— pulmonales 111, 112, 115, 120, 121, *189*, 191, 195, 201, 205, 208, 210, 217
— — dextrae *112*, 115, 191, 201, 208, 210, 217
— — sinistrae *111*, 120, 191, 195, 201, 205, 217
— renales 53, 122, 123, 124, 125, *129*, 134, 188
*— — dextra 122, 123, 134
*— — sinistra 53, 122, *124*, *125*, 134, 188
— retromandibularis, *v. facialis post.* 35, 36
— sacralis mediana 134
— *spermatica int.*, vide: vena testicularis
— *stellatae*, vide: venulae stellatae
— subclavia 117, 185, *189*, 213, 214, 217
— — dextra 117, 185
— — sinistra 117, 213, 214, 217
*— sublobulares hepatis 69
— submentalis 35
— suprarenales 134, 188
— temporalis superficialis 35
— testicularis, *v. spermatica int.* 51, 52, 122, *134*, 135
— — dextra 122, *134*, 135
— — sinistra *134*
*— thymicae superiores 213
— thyroidea inferior 213
*— trabecularis lienis 72
— umbilicalis 211
— uterinae 170
venter anterior musculi digastrici 23, 24, 25, 27, 33
— posterior musculi digastrici 23, 24, 25, 27, 28, 32
— superior musculi omohyoidei 24, 25
ventriculus seu gaster, vide etiam: corpus, curvaturae, fundus, parietes ventriculi *1*, 38, 39, *40*, *41*, *42*, *43*, *44*, 47, 48, 76, 78, 80, 81
— cordis, vide etiam: ventriculus dexter, sinister 189, 191, 193, 194, *197*, 202, 210, 211
— dexter 189, 191, 193, 194, *197*, 202, 210, 211
— laryngis, *ventriculus laryngis (Morgagnii)* 26, *88*, 99, 103, 104, 105
— sinister 189, 191, *195*, *196*, *197*, 202, 203
— tertius 181, 184
venulae stellatae, *venae stellatae* 128, 129, *131*
vermis cerebelli 184
vertebra (-ae)
— cervicales 120
— — (C. I.), vide: atlas
— — (C. II.), vide: axis
— — (C. VII.), vide: vertebra prominens
— lumbalis (L. I.) 40, 117, 118, 119
— — (L. V.) 40, 176
— prominens (C. VII.) 117, 119, 120
— thoracica (Th. I.) 118, 119
— — (Th. X.) 40
— — (Th. XII.) 40, 118, 119

vertex vesicae, vide: apex vesicae
vesica fellea 1, 48, 52, 53, 63, 73, 76, 77, 78, 81
— urinaria 50, 51, 52, 75, 78, 79, 80, *122*, 128, 135, 137, *139*, *140*, 141, 142, 143, *151*, 164, 165, 166, 211
— — feminina 80, *139*, 164, 165, 166
— — masculina 50, 51, 52, 75, 78, 79, 122, *135*, *137*, *138*, 141, 142, 143, *151*
vesicula seminalis 136, 137, 138, 141, *142*, *143*, *151*, *152*, *153*
vestibulum bursae omentalis 77, 81
— laryngis 26, *88*, *104*, *105*

vestibulum nasi 26, *82*, *86*, *88*
— oris *1*, *26*, 29, 36, 83, 86, 87, 88
— vaginae 164, 172
vestigium processus vaginalis, *rudimentum proc. vaginalis peritonaei* 148, 149
vomer *83*, *87*
vortex cordis 200, 201, 203

Z

*zona columnaris recti 62
— hemorrhoidalis recti, *annulus haemorrhoidalis* 62

ABBREVIATIONES — ABBREVIATIONS

a.	arteria	lymph.	lymphaticus, -a, -um
ant.	anterior, -ius	m.	musculus
C.	cervicalis, -e	med.	medialis, -e
circ.	circularis, -e	n.	nervus
comm.	communis, -e	post.	posterior
dext.	dexter, -ra, -rum	proc.	processus
dist.	distalis, -e	prof.	profundus, -a, -um
dors.	dorsalis, -e	prox.	proximalis, -e
ext.	externus, -a, -um	r.	ramus
gl.	glandula	S.	sacralis, -e
inf.	inferior, -ius	sin.	sinister, -ra, -rum
int.	internus, -a, -um	spf.	superficialis, -e
L.	lumbalis, -e	Th.	thoracicus, -a, -um
lat.	lateralis, -e	tr.	truncus
lig.	ligamentum	v.	vena

The double letter at the end of any abbreviation indicates the plural (e.g. aa. for arteriae, dorss. for dorsales, -ia). The declensions of the abbreviations (e.g. possessive) is not marked.

Latin words used in the legends, not listed in the nomenclatures:

ablatus	removed
apertus	open
aspectus	aspect
corrosum	corrosion
etiam	also
fecit	made
fig. (figura)	figure
fixans	fixing
intracranialis	intracranial
l. (lateris)	side
paramedianus	paramedian
partim	partly
perpendicularis	perpendicular
preparatum	specimen
projectio	projection
sectio	section
seu	or
situs	position
sonda	sound
structura	structure
sive	or
vide	see

REGISTER FIGURARUM

FIGURE INDEX

SPLANCHNOLOGIA — SPLANCHNOLOGY
I. APPARATUS DIGESTORIUS — THE DIGESTIVE SYSTEM

Fig. 1. Apparatus digestorius. The digestive system

Fig. 2. Os et regio oralis. The mouth and circumoral region

Fig. 3. Labia oris neonati. The lips of a newborn

Fig. 4. Labia oris (tela submucosa, glandulae labiales et buccales, aspectus posterior). The lips (submucous layer, the labial and buccal glands, viewed from inside)

Fig. 5. Arcus dentalis superior (maxilla dext.). The upper dental arch (right maxilla)

Fig. 6. Arcus dentalis inferior (mandibula, aspectus dext.). The lower dental arch (the mandible, right side)

Fig. 7. Arcus dentales. The dental arches

Fig. 8. Dentes I. (facies vestibulares, l. dext.). The teeth, I (the vestibular surfaces, right side)

Fig. 9. Dentes II. (facies linguales, l. dext.). The teeth, II (lingual surfaces, right side)

Fig. 10. Facies contactus distales dentium (dentis molaris, premolaris primi, canini et incisivi, l. dext.). The distal contiguous surfaces of the teeth (molar, first premolar, canine and incisor teeth, right side)

Fig. 11. Structura dentis. The structure of the tooth

Fig. 12. Arcus dentalis superior, facies occlusalis dentium et palatum osseum. The upper dental arch, the occlusal surface of the teeth and the hard palate

Fig. 13. Alveoli dentales arcus superioris. The sockets of the upper alveolar arch

Fig. 14. Arcus dentalis inferior (facies occlusales) et mandibula. The mandible and the lower dental arch (occlusal surfaces)

Fig. 15. Alveoli dentales arcus inferioris. The sockets of the lower alveolar arch

Fig. 16. Dentes decidui. Arcus dentalis superior. The deciduous teeth. Upper dental arch

Fig. 17. Dentes decidui. Arcus dentalis inferior. The deciduous teeth. Lower dental arch

Fig. 18. Dentes decidui et permanentes in situ. The deciduous and permanent teeth, in process of erupting, in place

Fig. 19. Dentes decidui. The deciduous teeth

Fig. 20. Dentes permanentes. The permanent teeth

Fig. 21. Lingua (aspectus superior), The tongue (seen from above)

Fig. 22. Regio sublingualis. The sublingual region

Fig. 23. Musculi linguae. The muscles of the tongue

Fig. 24. Musculi linguae, pharyngis et suprahyoidei. The muscles of the tongue, pharynx and suprahyoid region

Fig. 25. Sectio frontalis capitis (aspectus anterior). The frontal section of the head (anterior view)

Fig. 26. Cavum oris, pharyngis et esophagi (sectio sagittalis paramediana). The oral, pharyngeal and esophageal cavities (paramedian sagittal section)

Fig. 27. Fossa retromandibularis musculi pterygoidei et suprahyoidei. The retromandibular fossa (pterygoid and suprahyoid muscles)

Fig. 28. Lingua, pharynx et musculi suprahyoidei. The tongue, pharynx and suprahyoid musculature

Fig. 29. Cavum oris et isthmus faucium. The cavity of the mouth and the oropharyngeal isthmus

Fig. 30. Palatum. The palate

Fig. 31. Cavum et musculi levatores pharyngis (aspectus posterior). The cavity and the levator muscles of the pharynx (posterior view)

Fig. 32. Musculi pharyngis I. (aspectus posterior). The muscles of the pharynx, I (posterior view)

Fig. 33. Musculi pharyngis II. (aspectus lateralis, musculi constrictores pharyngis sup., med. et inf.). The muscles of the pharynx, II (lateral view, the superior, middle and inferior constrictor muscles of the pharynx)

Fig. 34. Cavum pharyngis (aspectus posterior, paries posterior apertus). The pharyngeal cavity (posterior view, opened from behind)

Fig. 35. Glandula parotis et glandula submandibularis. The parotid and submandibular glands

Fig. 36. Sectio horizontalis capitis. Horizontal section through the head

Fig. 37. Aorta, trachea et esophagus I. (aspectus anterior). The aorta, trachea and esophagus, I (anterior view)

Fig. 38. Aorta, trachea et esophagus II. (aspectus posterior). The aorta, trachea and esophagus, II (posterior view)

Fig. 39. Esophagus (aspectus posterior, paries posterior apertus). The esophagus (posterior view, opened from behind)

Fig. 40. Ventriculus (gaster) I. (projectio ventriculi). The stomach, I (the projection of the stomach)

Fig. 41. Ventriculus II. (aspectus anterior). The stomach, II (anterior view)

Fig. 42. Ventriculus III. (tunica muscularis, stratum superficiale). The stomach, III (the muscular coat, superficial layer)

Fig. 43. Ventriculus IV. (tunica muscularis, stratum profundum). The stomach, IV (muscular coat, deep layer)

Fig. 44. Ventriculus V. (tunica mucosa, sectio frontalis). The stomach, V (mucous membrane, frontal section)

Fig. 45. Duodenum et pancreas I. The duodenum and the pancreas, I

Fig. 46. Duodenum et pancreas II. The duodenum and the pancreas, II

Fig. 47. Situs viscerum abdominis I. (omentum majus). The position of the abdominal viscera, I (greater omentum)

Fig. 48. Situs viscerum abdominis II. (intestinum tenue). The position of the abdominal viscera, II (the intestines)

Fig. 49. Situs viscerum abdominis III. (radix mesenterii). The position of the abdominal viscera, III (the root of the mesentery)

Fig. 50. Situs viscerum abdominis IV. (intestinum crassum). The position of the abdominal viscera, IV (the large intestines)

Fig. 51. Situs viscerum abdominis V. (organa retroperitonealia I.). The position of the abdominal viscera, V (the retroperitoneal organs, I)

Fig. 52. Situs viscerum abdominis VI. (organa retroperitonealia II.). The position of the abdominal viscera, VI (the retroperitoneal organs, II)

Fig. 53. Situs viscerum abdominis VII. (porta hepatis et vasa omenti minoris). The position of the abdominal viscera, VII (the porta hepatis and the vessels of the lesser omentum)

Fig. 54. Structura intestini. The structure of the intestines

Fig. 55. Plicae jejuni. The circular folds of the jejunum

Fig. 56. Folliculi lymphatici intestini. The aggregated follicles of the ileum

Fig. 57. Cecum et appendix vermiformis (aspectus posterior). The cecum and vermiform appendix (posterior view)

Fig. 58. Ostium ileocecale (aspectus anterior, cecum apertum). The ileocecal orifice (anterior view, the cecum opened)

Fig. 59. Tunica mucosa intestini crassi. The mucous coat of the large intestine

Fig. 60. Sectio transversa intestini crassi. The transverse section of the large intestine

Fig. 61. Rectum. The rectum

Fig. 62. Tunica mucosa recti. The mucous membrane of the rectum

Fig. 63. Hepar I. (aspectus anterior). The liver, I (anterior view)

Fig. 64. Hepar II. (aspectus posterior). The liver, II (viewed from behind)

Fig. 65. Hepar III. (aspectus inferior). The liver, III (viewed from below)

Fig. 66. Lobi porto-biliares hepatis I. (preparatum injectum, aspectus anterior, fecerunt J. Faller et G. Ungváry). The porto-biliary lobes of the liver, I (anterior view, injected specimen: J. Faller and G. Ungváry)

Fig. 67. Lobi porto-biliares hepatis II. (preparatum injectum et corrosum fecerunt J. Faller et G. Ungváry). The porto-biliary lobes of the liver, II (corrosion cast: J. Faller and G. Ungváry)

Fig. 68. Venae hepatis (vena portae et vena hepatica, preparatum corrosum fecit F. Kádár). The hepatic veins (the portal and hepatic veins, corrosion cast: F. Kádár)

Fig. 69. Structura hepatis (lobulus hepatis). The structure of the liver (a hepatic lobule)

Fig. 70. Lien I. (aspectus lateralis, facies diaphragmatica). The spleen, I (lateral view, diaphragmatic surface)

Fig. 71. Lien II. (aspectus antero-medialis, facies visceralis). The spleen, II (anteromedial view, the visceral surface)

Fig. 72. Structura lienis (corpuscula lienalia). The structure of the spleen (lymphatic nodules)

Fig. 73. Peritoneum I. (cavum peritonei apertum, omentum majus et nidus lienis). The peritoneum, I (the opened peritoneal cavity, greater omentum and the ligaments of the spleen)

Fig. 74. Peritoneum II. (mesenterium). The peritoneum, II (the mesentery)

Fig. 75. Peritoneum III. (mesocolon sigmoideum). The peritoneum, III (the sigmoid mesocolon)

Fig. 76. Peritoneum IV. (omentum minus). The peritoneum, IV (the lesser omentum)

Fig. 77. Peritoneum V. (bursa omentalis). The peritoneum, V (the lesser sac)

Fig. 78. Peritoneum VI. (radix mesenterii). The peritoneum, VI (the root of the mesentery)

Fig. 79. Peritoneum VII. (peritoneum parietale et spatium retroperitoneale). The peritoneum, VII (the parietal portion and retroperitoneal space)

Fig. 80. Cavum abdominis I. (cavum peritonei, sectio sagittalis). The abdominal cavity, I (the peritoneal cavity, the lesser and the greater sacs, sagittal section)

Fig. 81. Cavum abdominis II. (pars superior, sectio transversalis). The abdominal cavity, II (transverse section through the upper part of the abdomen)

II. APPARATUS RESPIRATORIUS — THE RESPIRATORY SYSTEM

Fig. 82. Apparatus respiratorius. The respiratory system

Fig. 83. Septum nasi (pars ossea et pars cartilaginea). The nasal septum (bony and cartilagineous part)

Fig. 84. Cartilagines nasi I. The cartilages of the nose, I

Fig. 85. Cartilagines nasi II. The cartilages of the nose, II

Fig. 86. Cavum nasi et sinus paranasales I. (paries lateralis cavi nasi, sectio sagittalis paramediana capitis). The nasal cavity and paranasal sinuses, I (the lateral wall of the nasal cavity, paramedian sagittal section through the head)

Fig. 87. Cavum nasi et sinus paranasales II. (sectio frontalis capitis). The nasal cavity and paranasal sinuses, II (frontal section through the head)

Fig. 88. Cavum nasi, laryngis, pharyngis et tracheae (sectio sagittalis paramediana dextra). The nasal, laryngeal, pharyngeal and tracheal cavities (paramedian sagittal section through the head, right side)

Fig. 89. Cartilago thyroidea I. (aspectus anterior). The thyroid cartilage, I (anterior view)

Fig. 90. Cartilago thyroidea II. (aspectus lateralis). The thyroid cartilage, II (lateral view)

Fig. 91. Cartilago cricoidea I. (aspectus lateralis sinister). The cricoid cartilage, I (left lateral view)

Fig. 92. Cartilago cricoidea II. (aspectus posterior). The cricoid cartilage, II (posterior view)

Fig. 93. Cartilago arytenoidea I. (aspectus posteromedialis, l. dext.). The arytenoid cartilage, I (posteromedial view, right side)

Fig. 94. Cartilago arytenoidea II. (facies anterolateralis, l. dext.). The arytenoid cartilage, II (anterolateral surface, right side)

Fig. 95. Cartilago epiglottica (aspectus posterior). The cartilage of the epiglottis (posterior view)

Fig. 96. Aditus laryngis. The inlet of the larynx

Fig. 97. Ligamenta et articulationes laryngis I.

Fig. 98. Ligamenta et articulationes laryngis II. (aspectus posterior). The laryngeal joints and ligaments, II (posterior view)

Fig. 99. Ligamenta et articulationes laryngis III. (membrana fibroelastica, aspectus dexter, cartilago thyroidea partim ablata). The laryngeal joints and ligaments, III (the fibro-elastic membrane, right lateral view, a part of the thyroid cartilage removed)

Fig. 100. Musculi laryngis I. (musculus cricothyroideus). The muscles of the larynx, I (the cricothyroid muscle)

Fig. 101. Musculi laryngis II. (aspectus posterior). The muscles of the larynx, II (posterior view)

Fig. 102. Musculi laryngis III. (aspectus posterolateralis). The muscles of the larynx, III (posterolateral view)

Fig. 103. Musculi laryngis IV. (musculus vocalis, sectio sagittalis laryngis). The muscles of the larynx, IV (the vocal muscle, sagittal section through the larynx)

Fig. 104. Cavum laryngis I. (sectio sagittalis). The cavity of the larynx, I (sagittal section)

Fig. 105. Cavum laryngis II. (sectio frontalis, aspectus posterior). The cavity of the larynx, II (frontal section, posterior view)

Fig. 106. Trachea I. (aspectus anterior). The trachea, I (anterior view)

Fig. 107. Trachea II. (paries membranaceus, aspectus posterior). The trachea, II (the membranous wall, posterior view)

Fig. 108. Trachea III. (sectio transversa). The trachea, III (transverse section)

Fig. 109. Pulmones et mediastinum I. (aspectus anterior). The lungs and the mediastinum, I (anterior view)

Fig. 110. Pulmones et mediastinum II. (aspectus posterior). The lungs and the mediastinum, II (posterior view)

Fig. 111. Pulmo sinister (facies medialis). The left lung (medial surface)

Fig. 112. Pulmo dexter (facies medialis). The right lung (medial surface)

Fig. 113. Trachea, bronchi principales et segmentales. The trachea, the principal and segmental bronchi

Fig. 114. Segmenta bronchopulmonalia. The bronchopulmonary segments

Fig. 115. Segmenta bronchopulmonalia et bronchi segmentales I. (pulmo dexter, facies costalis). The bronchopulmonary segments and segmental bronchi, I (right lung, costal surface)

Fig. 116. Segmenta bronchopulmonalia et bronchi segmentales II. (pulmo dexter, facies medialis, preparatum fecit I. Katona). The bronchopulmonary segments and segmental bronchi, II (right lung, medial surface, specimen: I. Katona)

Fig. 117. Situs viscerum thoracis I. (projectio anterior). The position of the thoracic viscera, I (anterior projection)

Fig. 118. Situs viscerum thoracis II. (projectio dorsalis). The position of the thoracic viscera, II (dorsal projection)

Fig. 119. Situs viscerum thoracis III. (projectio lateralis sin.). The position of the thoracic viscera, III (left lateral projection)

Fig. 120. Cavum pleurae et mediastinum (aspectus lateralis, l. sin.). The left pleural cavity and mediastinum (lateral view)

Fig. 121. Structura pulmonis (lobulus et alveoli pulmonis). The structure of the lung (a lobule and the alveoli of the lung)

III. APPARATUS UROGENITALIS — THE UROGENITAL SYSTEM

Fig. 122. Organa uropoetica (situs renum). The urinary organs (the position of the kidneys)

Fig. 123. Ren dexter (aspectus anterior). The right kidney (anterior view)

Fig. 124. Ren sinister I. (aspectus anterior). The left kidney, I (anterior view)

Fig. 125. Ren sinister II. (aspectus posterior). The left kidney, II (posterior view)

Fig. 126. Structura renis I. (sectio plana). The structure of the kidney, I (frontal section)

Fig. 127. Ren et glandula suprarenalis (ren lobatus embryonalis, ren dexter et sinister, aspectus anterior). The kidney and suprarenal gland (embryonal segmented kidney, right and left kidneys, seen from the front)

Fig. 128. Structura renis II. (lobi renales). The structure of the kidney, II (renal lobes)

Fig. 129. Vasa et pelvis renales (ren sinister, aspectus anterior, arteriae, venae et pelvis renalis injectae, preparatum fecit F. Kádár). The blood vessels of the kidney and the renal pelvis (the left kidney, anterior view, the arteries, veins and renal pelvis injected, specimen: F. Kádár)

Fig. 130. Angioarchitectura renis I. (arteriae et glomeruli, preparata corrosa fecerunt I. Munkácsi et B. Zolnai). The angioarchitecture of the kidney, I (arteries and glomerules, corrosion specimens: I. Munkácsi et B. Zolnai)

Fig. 131. Angioarchitectura renis II. (venula stellata, preparatum corrosum fecit I. Munkácsi). The angioarchitecture of the kidney, II (the stellate venule, corrosion specimen: I. Munkácsi)

Fig. 132. Angioarchitectura renis III. (arteria interlobularis, vasa afferentia, glomeruli et vasa efferentia, preparatum corrosum fecit I. Munkácsi). The angioarchitecture of the kidney, III (interlobular artery, afferent vessels, glomerules and efferent vessels, corrosion specimen: I. Munkácsi)

Fig. 133. Angioarchitectura renis IV. (glomerulus juxtamedullaris et glomerulus corticalis, preparata corrosa fecit I. Munkácsi). The angioarchitecture of the kidney, IV (juxtamedullary and cortical glomeruli, corrosion preparate: I. Munkácsi)

Fig. 134. Capsulae renis. The capsules of the kidney

Fig. 135. Vesica urinaria masculina I. (sectio frontalis pelvis, aspectus posterior). The male urinary bladder, I (frontal section through the pelvis, posterior view)

Fig. 136. Vesica urinaria masculina II. (aspectus anterior). The male urinary bladder, II (anterior view)

Fig. 137. Vesica urinaria masculina III. (aspectus posterior). The male urinary bladder, III (posterior view)

Fig. 138. Vesica urinaria masculina IV. (vesica urinaria in situ, rectum ablatum, vesica urina-

ria injecta, aspectus postero-superior e dextro). The male urinary bladder, IV (the urinary bladder in place, the rectum removed, the urinary bladder injected, posterosuperior view from the right)

Fig. 139. Vesica urinaria et urethra feminina (aspectus anterior). The female urinary bladder and the urethra (anterior view)

Fig. 140. Vesica urinaria et urethra masculina (sectio longitudinalis). The male urinary bladder and the urethra (longitudinal section)

Fig. 141. Organa uropoetica et genitalia masculina. The male urinary and genital organs

Fig. 142. Organa genitalia masculina I. (projectio lateralis sin.). The male genital organs, I (left lateral projection)

Fig. 143. Organa genitalia masculina II. (sectio sagittalis mediana). The male genital organs, II (median sagittal section)

Fig. 144. Testis et epididymis I. (facies medialis, l. dext.). The testis and epididymis, I (medial surface, right side)

Fig. 145. Testis et epididymis II. (facies lateralis, l. dext.). The testis and epididymis, II (lateral surface, right side)

Fig. 146. Testis et epididymis III. (aspectus posterior, l. dext.). The testis and epididymis, III (posterior view, right side)

Fig. 147. Testis et epididymis IV. (sectio sagittalis). The testis and epididymis, IV (sagittal section)

Fig. 148. Tunicae testis et scrotum (aspectus lateralis, l. sin.). The coverings of the testis and the scrotum, lateral view, left side)

Fig. 149. Tunicae testis et funiculi spermatici (aspectus antero-lateralis dext.). The coverings of the testis and the spermatic cord (right anterolateral view)

Fig. 150. Scrotum, tunicae funiculi spermatici et penis. The scrotum, the coverings of the spermatic cord and the penis

Fig. 151. Organa genitalia masculina interna et vesica urinaria (aspectus posterior). The internal genital organs of the male and the urinary bladder (posterior view)

Fig. 152. Ductus deferens, vesicula seminalis et prostata (aspectus posterior). The ductus deferens, the seminal vesicle and the prostate (posterior view)

Fig. 153. Ductus deferens et vesicula seminalis (sectio frontalis, l. sin.). The ductus deferens and the seminal vesicle (frontal section, left side)

Fig. 154. Penis et perineum. The penis and the perineum

Fig. 155. Penis et diaphragma urogenitale. The penis and the urogenital diaphragm

Fig. 156. Crura et bulbus penis (aspectus antero-inferior). The crura and the bulb of the penis (anteroinferior view)

Fig. 157. Corpus et glans penis. The body of the penis and the glans penis

Fig. 158. Vasa penis I. (vasa dorsalia). The vessels of the penis, I (the dorsal blood vessels)

Fig. 159. Vasa penis II. (vasa profunda). The vessels of the penis, II (the deep blood vessels)

Fig. 160. Vasa penis III. (arteriae penis). The vessels of the penis, III (the arteries of the penis)

Fig. 161. Vasa penis IV. (structura interna venarum cavernosarum corporis cavernosi penis). The vessels of the penis, IV (the internal venous structure of the cavernous body)

Fig. 162. Vasa penis V. (sectio transversalis). The vessels of the penis, V (transverse section of the cavernous bodies)

Fig. 163. Vasa penis VI. (vasa corporis cavernosi penis). The vessels of the penis, VI (the vessels of the cavernous body)

Fig. 164. Organa uropoetica et genitalia feminina I. (sectio sagittalis mediana). The female urinary and genital organs, I (median sagittal section)

Fig. 165. Organa genitalia feminina II. (aspectus antero-superior). The female genital organs, II (anterosuperior view)

Fig. 166. Organa genitalia feminina interna I. (ligamenta fixantes uterum, aspectus superior). The internal genital organs of the female, I (the supporting ligaments of the uterus, seen from above)

Fig. 167. Organa genitalia feminina interna II. (uterus et adnexa, aspectus posterior). The internal genital organs of the female, II (posterior view)

Fig. 168. Organa genitalia feminina interna III. (sectio frontalis, aspectus posterior). The internal genital organs of the female, III (frontal section, posterior view)

Fig. 169. Structura pelvis femininae (sectio frontalis). The structure of the female pelvis (frontal section)

Fig. 170. Vasa uteri gravidi (preparatum injectum et corrosum fecit I. Palkovich). The blood vessels of the pregnant uterus (corrosion specimen: I. Palkovich)

Fig. 171. Pudendum femininum. The external genital organs of the female

Fig. 172. Perineum femininum I. (musculi superficiales). The female perineum, I (the superficial muscles)

Fig. 173. Perineum femininum II. (diaphragma urogenitale, musculus transversus perinei profundus). The female perineum, II (the urogenital diaphragm, the transversus perinei profundus muscle)

Fig. 174. Perineum femininum III. (diaphragma pelvis, musculus levator ani). The female perineum, III (the pelvic diaphragm, the levator ani muscle)

Fig. 175. Pelvis feminina I. (aspectus superior). The female pelvis, I (seen from above)

Fig. 176. Pelvis feminina II. (sectio obliqua perpendicularis, aspectus sin.). The female pelvis, II (oblique perpendicular section, left view)

Fig. 177. Clitoris. The clitoris

Fig. 178. Mamma I. The mammary gland, I

Fig. 179. Mamma II. (corpus glandulare). The mammary gland, II (the glandular body)

Fig. 180. Mamma III. (sectio sagittalis). The mammary gland, III (sagittal section)

GLANDULAE SINE DUCTIBUS — THE DUCTLESS GLANDS

Fig. 181. Hypophysis seu glandula pituitaria et corpus pineale I. in situ. The hypophysis or the pituitary gland and the pineal body, I, in place

Fig. 182. Hypophysis II. (sectio sagittalis, aspectus sin.). The hypophysis, II (sagittal section, seen from the left)

Fig. 183. Hypophysis III. (vasa hypophysialia). The hypophysis, III (the hypophyseal vessels)

Fig. 184. Corpus pineale II. (aspectus superior, in situ). The pineal body, II (seen from above)

Fig. 185. Thymus (neonatus, aspectus anterior, in situ). The thymus (newborn, anterior view)

Fig. 186. Glandula thyroidea (aspectus anterior). The thyroid gland (anterior view)

Fig. 187. Glandula thyroidea et glandulae parathy-

roideae (aspectus posterior). The thyroid and parathyroid glands (posterior view)

Fig. 188. Glandulae suprarenales. The suprarenal glands

COR — THE HEART

Fig. 189. Systema circulationis sanguinis (cor et systema vasorum). The circulatory system (the heart and the vascular system)

Fig. 190. Facies sternocostalis cordis (aspectus antero-superior). The sternocostal surface of the heart (anterosuperior view)

Fig. 191. Basis et facies diaphragmatica cordis (aspectus postero-inferior). The base and the diaphragmatic surface of the heart (posteroinferior view)

Fig. 192. Atrium dextrum (aspectus dexter). The right atrium (right lateral aspect)

Fig. 193. Atrium, ostium atrioventriculare et ventriculus dextri (valva atrioventricularis dextra seu tricuspidalis). The right atrium, atrioventricular orifice and ventricle (right atrioventricular or tricuspid valve)

Fig. 194. Ventriculus dexter et ostium trunci pulmonalis (valva atrioventricularis dextra et valva trunci pulmonalis). The right ventricle and the orifice of the pulmonary trunk (the right atrioventricular valve and the pulmonary valve)

Fig. 195. Atrium, ostium atrioventriculare et ventriculus sinistri (valva atrioventricularis sinistra seu mitralis). The left atrium, atrioventricular orifice and ventricle (left atrioventricular or mitral valve)

Fig. 196. Ventriculus et ostium atrioventriculare sinistra et ostium aortae (valva atrioventricularis sinistra et valva aortae). The left ventricle, atrioventricular orifice and the orifice of the aorta (left atrioventricular and aortic valves)

Fig. 197. Ventriculi cordis (sectio transversa, aspectus inferior). The ventricles of the heart (transverse section, seen fom below)

Fig. 198. Ostium atrioventriculare sinistrum et valva ostii (valva mitralis et musculi papillares). The left atrioventricular orifice and its valve (the mitral valve and the papillary muscles)

Fig. 199. Anuli fibrosi et ostia cordis (valvae atrioventriculares, trunci pulmonalis et aortae, sectio coronalis). The fibrous rings and orifices of the heart (the atrioventricular valves, the valves of the pulmonal trunk and the aorta, coronal section)

Fig. 200. Myocardium I. (stratum superficiale, aspectus anterior). The muscular structure of the heart, I (the superficial layer, seen from the front)

Fig. 201. Myocardium II. (stratum superficiale, aspectus posterior). The muscular structure of the heart, II (superficial layer, seen from behind)

Fig. 202. Myocardium III. (fibrae circulares). The muscular structure of the heart, III (the circular fibres)

Fig. 203. Myocardium IV. (structura ventriculi sinistri). The muscular structure of the heart, IV (the structure of the left ventricle)

Fig. 204. Nodus atrioventricularis et fasciculus atrioventricularis cordis I. (crus dextrum). The atrioventricular node, the atrioventricular bundle, I (the right limb of the conducting system of the heart)

Fig. 205. Fasciculus atrioventricularis cordis II. (crus sinistrum). The atrioventricular bundle, II (the left limb of the conducting system of the heart)

Fig. 206. Vasa cordis I. (aspectus anterior). The vessels of the heart, I (frontal view)

Fig. 207. Vasa cordis II. (preparatum injectum et corrosum fecit F. Kádár). The vessels of the heart, II (corrosion specimen: F. Kádár)

Fig. 208. Vasa cordis III. (aspectus posterior). The vessels of the heart, III (posterior view)

Fig. 209. Vasa cordis IV. (preparatum injectum et corrosum fecit F. Kádár). The vessels of the heart, IV (corrosion specimen: F. Kádár)

Fig. 210. Cor fetale (septum interatriale cum foramine ovali). The fetal heart (the interatrial septum with the foramen ovale)

Fig. 211. Circulatio fetalis (arteriae et vena umbilicales). The fetal circulation (the umbilical arteries and the umbilical vein)

Fig. 212. Situs cordis et pericardium I. The position of the heart and the pericardium, I

Fig. 213. Situs cordis et pericardium II. The position of the heart and the pericardium, II

Fig. 214. Situs cordis et pericardium III. The position of the heart and the pericardium, III

Fig. 215. Situs cordis et pericardium IV. The position of the heart and the pericardium, IV

Fig. 216. Situs cordis et pericardium V. The position of the heart and the pericardium, V

Fig. 217. Situs cordis et pericardium VI. The position of the heart and the pericardium, VI

CONTENTS

SPLANCHNOLOGIA — SPLANCHNOLOGY 5

    I. APPARATUS DIGESTORIUS — I. THE DIGESTIVE SYSTEM   7

    II. APPARATUS RESPIRATORIUS — II. THE RESPIRATORY
    SYSTEM 77

    III. APPARATUS UROGENITALIS — III. THE UROGENITAL
    SYSTEM 111

GLANDULAE SINE DUCTIBUS — THE DUCTLESS GLANDS 159

COR — THE HEART 169

INDEX 199

ABBREVIATIONES — ABBREVIATIONS 218

REGISTER FIGURARUM — FIGURE INDEX 219